做优雅的自己

沈念 著

中国商务出版社

图书在版编目（CIP）数据

做优雅的自己 / 沈念著 . — 北京：中国商务出版社，2016.9（2022.4重印）

ISBN 978–7–5103–1630–2

Ⅰ.①做… Ⅱ.①沈… Ⅲ.①女性—修养—通俗读物 Ⅳ.① B825-49

中国版本图书馆 CIP 数据核字（2016）第 223606 号

做优雅的自己
ZUO YOUYA DE ZIJI

沈念 著

出　　版	中国商务出版社
地　　址	北京市东城区安定门外大街东后巷 28 号　　邮　编：100710
责任部门	中国商务出版社　商务与文化事业部（010-64515151）
总 发 行	中国商务出版社　商务与文化事业部（010-64226011）
责任编辑	崔笏
网　　址	http://www.cctpress.com
邮　　箱	shangwuyuwenhua@126.com
排　　版	吴海兵
印　　刷	三河市李旗庄海东装订有限公司
开　　本	880 毫米 ×1230 毫米　　1/32
印　　张	9.5　　　　　　　　　字　数：230 千字
版　　次	2017 年 1 月第 1 版　　印　次：2022 年 4 月第 3 次印刷
书　　号	ISBN 978–7–5103–1630–2
定　　价	39.00 元

凡所购本版图书有印装质量问题，请与本社总编室联系。（电话：010-64212247）

版权所有　盗版必究（盗版侵权举报可发邮件到本社邮箱：cctp@cctpress.com）

前言

从现在开始，锻造你的品位，
提升你的气质，
做一个生活中的优雅女人吧

"优雅"的解释是：一种淡然的美，不用刻意装就能表现出来的气质和风度。

优雅不一定有很高的学历、不一定有很多的财富、不一定有很高的地位，优雅是一个人内心美的外在表现，是心静如水，是波澜不惊，是大爱无形，是温柔可爱。

生活中人人都想表现出优雅的一面，但在现实生活中却往往失去自我，随波逐流。"不以物喜，不以己悲"是优雅极致的表现，宽容、仁爱、温和、谦恭是优雅的基本表现。

中国历朝历代不乏优雅淑女，她们不一定出身在资产富庶、身份显赫的家庭，但从小都被灌之以良好的家教，当然，自身的努力——学习和修养，是她们可以超人的根本。

随着社会的发展与进步，提升自身修养、做个优雅的自我，在当下的意义也更加广泛。优雅的女人必定是学识与人品兼优的高素质女性；她们外表时尚健康，内心坚韧，对自己的人生有着一份清晰的认知，深谙自己想要过一种怎样的生活。这是现代女性的实体典范。

对于优雅的认知，往往来自于一瞬间——比如蔡康永，大家喜欢他的原因，大抵就是最初那一瞬间的温柔。你会注意到，哪怕是在讲述一件很残忍的事，或一个很现实苛刻的真理，他也依然会用温柔如水的语气娓娓道来——以柔克刚，就是他对这个世界的态度。后来看了很多他写的文章，也才知道，这一切都熏陶自他母亲的教养，一位真正的优雅佳人。

提及母亲的文字是这样描写的："每天12点起床洗头，做头；旗袍穿得窄紧；心情好的时候，自己画纸样设计衣服；薄纱的睡衣领口，配了皮草；家里穿的拖鞋，夹了孔雀毛；哪怕对待一件别人看来毫无轻重意义的小物件，母亲也都用心再三。"而蔡康永像看客一般，望着自己的母亲靠在墙边抽烟，眼光飘忽阳台外——他用了一个词："艳丽"。

作为儿子，蔡康永在母亲身上对母亲的认知竟然不是慈祥，而是优雅着的美丽。这就意味着，他人生中第一次对异性的感触，不是一位年长他多少岁的母亲的形象，而是一位优雅的女士。

女人是造物主所赐予的这个世上最美好的礼物，雄性的世界太过阳刚，女人是来弥补那一半所造成的缺憾。她们的身材婀娜多姿，情感细腻丰盛，是这个世界不可多得的一道风景线。女人的视角和心思，为这个世界呈现出二次元的精彩。

她们从时光深处来，又往时光深处去。

人脆弱总抵不过流光易逝。人永远没办法留住时间，青春永驻。但你可以选择把自己变得更加有气质，让优雅成为抵御时光的最强武器。

优雅的女人，是一道艳丽的风景。她们外表清纯，内心柔软，不卑不亢，对这个世界有自己独到的认知。在烦琐的世俗里，即便身兼数职，依然能够活出别样的风采。

她们内心敏感细腻，对待周遭的人有一种特别的温暖，无论是亲人、朋友还是同事，无论何时何地，只要对方有需要，她都不吝于做出奉献；她们善解人意，懂得凡事为别人着想，她们内心坚韧如铁，从不大声公开抱怨，即使遇到难关，也会一鼓作气，一往无前；他们有自己的坚守和认知，深谙做人的底线，知世故而不世故，忙能撑起一片天，闲能充盈小生活，任天高云淡，自有一份小确幸。

更重要的是，她们懂得爱护自己，照顾自己。

生活虽繁冗复杂，但她们懂得节制，懂得调适。面对强大的工作压力，依然能在出门前给自己补一个个美美的妆；能够理解生活的苦难，用一双手去为自己寻找意义，创造明天；即便今日忙到魂形具散，回家关上门也能说服自己把卧室打扫干净，把自己收拾清爽；深谙做人的道理，无论人前人后，始终保持微笑，保持淡定的心情，即便感到沮丧，也决不做情绪的奴隶，会给自己一个香甜的夜晚。

……

优雅的女人，有自己的小世界。不依附任何人，不计较任何事，她心中自有一片空旷清净。她时刻关心自己的身体健康，每年甚至每半年都会定期做检查；关注自己的仪表仪态，知道去哪里能买到最适合自己的护肤品，会在特殊的节日里送自己一份力所能及的小礼物；她擅于与人交际，与她对话如沐春风，与她相处自在轻松；她有自己的喜怒哀乐，侍花弄草，饮水煎茶，你来，她笑脸相迎；你走，她淡然目送。

对待生活，她从不将就，也不拧巴；对待自己，她总有参照，及时调整。不做刻意的装扮和要求，花费更多的时间，来做那个真实、诚恳的自己。她懂得人情人世人性的黑暗，但更愿意相信这个世界的美好与光明。她有梦想，有激情，有想法，敢于实践。

［前言］

她能很好地处理人际关系，尤其是两性关系。不会任由自己变成个公主，盛气凌人或是摇尾乞怜，从对方那里获得一份物质保障。她独立自信又阳光，有爱情的时候就好好珍惜享受，没爱情的时候就好好修炼打磨。

打开这扇门，她在里面微笑着学习如何与这个世界相处。

关上这扇门，她在里面努力地学习如何与自我相处。

或许，很难每个人生来都是优雅的女人，但只要你有心，沿着时光雕琢的痕迹，明确地为自己树立方向，严格认真地进行修炼打磨。终有一日，你将成为人人钦慕的优雅女性。

虽然你这么做并非为了获得人们赞许的目光，但是人生苦短，今生作为女人，你很有必要让自己变得优雅得体，活出自己的经典人生。

这本书，将带你走进优雅女人的世界。

愿无论是单身的你，恋爱的你，还是初为人妻人母的你，在面对生活、面对一切时，都能从本书汲取营养和力量，都能拥有淡定从容的力量，让优雅成为你最强大的武器，打败时光。

哪怕将来注定有一天老去。也是令人称羡、无悔人生的模样。

珍惜眼下你所拥有的时光，从现在开始，锻造你的品位，提升气质，做一个优雅的自己吧。

CONTENTS |目录|

|第一章| 001
一个女人要有别人拿不走的东西,这很重要

|第二章| 041
我能想到最美好的事,就是喜欢你的每一天里被你喜欢

|第三章| 071
你可以说我高冷,但请别夸我萌

|第四章| 097
气质优雅是冻结时光的秘密武器

|第五章| 131
一个女人一定要有自己过好日子的能力

|第六章| 159
我努力不是为了成为女强人,而是既可安心地小鸟依人,又可精彩地活出自己

|第七章| 193
不要让感人的情节都出现在别人的故事里

|附 录| 221
和美女息息相关的小诀窍

| 第一章 |

一个女人
要有别人拿不走的东西，
这很重要

女生不化妆
跟咸鱼有什么区别

女人为什么要学会化妆？

很多时候，化妆带来的好处，恰恰是后知后觉的。比如，某天你走在大街上，忽然迎面遇到一个妆容得体的女生，同样是女人，你却觉得对方那张略施薄粉的脸颊水嫩极了——而这，就是化妆所能给一个人带来的最直观的感受。

爱美之心，人皆有之。只不过有些人领悟得早，有些人领悟得晚。很多女生在学校，很少有机会能够接触到妆容精致、打扮得体的人，所以相对来说，周围的人对她也没有特别大的影响。而一旦走上社会，总能轻易接触到一些穿着优雅、打扮精致的同龄人，此时，心里的想法就会慢慢产生变化。

我相信，就算再慢热的女生，随着工作的年头越来越长，也会逐渐领悟到化妆的重要性。

民间有俚语，"女人十八变。"每个女人，心内都深藏着一把开启美丽的钥匙。当你留恋镜子的时间越来越长，也就意味着你开始越来越关注自己的美丽。

化妆，能够帮助一个女人树立更多的自信。当今社会，是一个"颜值"当道的社会，没有人不欣赏甚至钦慕美好的东西。即便是一张年轻稚嫩的面孔，也能给人带来十分舒畅的心情。"养眼"一词，说的就是这个道理。

漂亮的女人总是容易受到外界的关注和欢迎,有着得体穿着和精致妆容的女人,男人看了欢喜,女人看了羡慕。每个人生来都是与众不同的,都想拥有自己独特的美,只要你善于发现,并且发扬这种美,就能令自己变得更加动人。而化妆,是帮助你扬长避短的最好方式。

化妆还是令女人保持好心情的秘籍。情绪不好的时候,为自己化一个精致的妆容,花时间和精力把自己打扮得元气满满,美美地照一照镜子,再糟糕的心情都会被镜子里那个美丽的自己感染驱散。

化妆是一种生活态度。对外貌都不注重的女人,想必更无心在意其他。都说人的第一印象很重要,说的就是外在的妆容和穿衣打扮。

热爱化妆的女子,都很有立场。她什么都不需要做,仅仅只是往那一站,浑身就透着一种傲人的气场。对自己严苛、有要求的女子,想必旁人也不敢随意去怠慢。她的妆容,就是她的态度,就是她的立场。

浓妆淡抹,不管是哪一种选择,都会给人以郑重的信号。美丽的女人才不庸俗。同样的年纪,有的人皮肤粗糙,黑眼圈很严重;有的人却神采奕奕,美丽动人。这就是化妆所带来的最大改变。

所以说,化妆是每个女人都有必要学习和研究的事情。要知道,女人的品位不仅体现在美丽的双眼和光滑的皮肤,外在的妆容也是一项非常重要的评判标准。眼睛和皮肤是优秀基因的馈赠,对于长相清秀的人来说,当然算是一个珍宝。但是化妆,凸显的却是你后天的技巧与努力,对于本身长相不那么出众的人来说,化妆可以帮助其顺利地加入美女的行列。

恰当得体的妆容,甚至能超越本体所带来的美感。当然,这也就意味着，失败的妆容会把一个人原本的气质遮盖，破坏外在整体的视觉效果、品位乃至素养的美感。这也在一定程度上说明，化好妆并不是件容易的事。

作为女人，有了想要通过化妆令自己变美的意识，才是变美的第一步。怎么化一个适合自己、能够凸显气质和长处的妆容，才是重中之重。

试想一下，世界上有那么多品牌的化妆品，大大小小那么多的化妆工具，那么多可供参考的化妆技巧——该怎么从中挑选出最适合自己的呢？很多女生喜欢看各种各样，教人化妆的综艺节目，然而仅仅知道一些化妆方法显然还不够。

你得首先了解自己是何种类型的皮肤。要知道，痘痘肌肤甚至生痤疮特别严重的肌肤，并不适合长久时间带妆。

接下来，你还要了解自己五官的构造和特点，根据眼睛的大小、鼻梁的高低来选择化妆的重点。

然而这些都还不是最主要的，想要拥有一张精致的脸孔，想要练就纯熟的、最适合自己的化妆技巧，女人首先最该拥有的一项重要能力是审美能力。

你要从千百种可供选择的化妆方式中，找到并确定最适合自己的，最能凸显你的个人气质。

有些女人是这样的：她按照自己的方式描画出了自己喜欢的眉毛，也为自己涂抹出了具有专业水准的眼影，还画好了一个可爱饱满的红唇，但当这些元素组合到一起，镜子里那个妆扮好的人，却怎么看怎么别扭，既不美，也不雅。所以说，化妆也是一门技术，甚至有人可以依靠这项技能，生活得很好。

想要化出好的妆容，并不是今天看了一些技巧，回家多练习几遍就一蹴而就的，它要通过漫长的努力与学习领悟，在一遍遍的试练中总结归纳，找到最适合自己的方法。

学习化妆要有一个过程，首先，你要把自己的心态放好。要循序渐进，从简到繁。现在，下面是几个学习化妆需要了解的基本要领。

首先，你要掌握化妆的四大要素——"正确、准确、精确、和谐"，并按照这一步骤，逐渐完善化妆体系。

正确，意思是对自己的五官构造要有一个正确的认知；准确，意为对五官所对应的妆容，要有一个基本准确的配比；精确，是要求化妆的过程，要精准而确切，比如不能把眉毛化得一高一低，眼睛画出两种色彩；和谐，是指你在化妆完毕后，从镜子里看去，整个人的妆容干净和谐，没有令人感觉不舒服的地方。

以上，就是化妆过程中的四个基本要素。

其次，要着重培养自己独特而完美的审美鉴赏能力。这听上去不是一件简单的事，但只要找准方向并持之以恒，这件事还是能够轻松办到的。这里有些方法可供参考：你可以通过阅读时尚杂志，了解各种妆容、造型，一步步培养自己的审美能力；也可以通过观赏一些艺术类型的电影，着重关注某个女星的妆容等；当然，如果你有喜欢的明星偶像就更方便了，你可以总结归纳其在某些场合的造型变化，借此培养鉴赏能力。

要选择适合自己皮肤的化妆品。皮肤也是有脾气的，你过去是否用过什么不当的化妆品，而引起的出疹等不适反应。选一套适合自己皮肤的化妆品，非常必要。也许东西不一定非要是名贵的，但却应是你最中意的。一套契合肤质的化妆品，能让你看起来精神百倍。那是一份心境，一份令自己变美的承诺。有品质的化妆品，拥有同样优雅精致的包装和使用起来非常柔润的质感，而这种品质能够帮助你舒缓心情，令你从内心深处愿意去珍惜它，好好使用它，如此，它的精致便能潜移默化地，令你变得优雅精致。

再次，化妆之前，一定要保证自己的皮肤是最清洁干净的状态。这道理基本等于画画要使用一张洁白干净的纸张，才能获得不错的效果。保持你的皮肤自然透亮，清爽干净，是化妆的前提。无论浓妆还是淡抹，俱是如此。所以，化妆之前，你首先要掌握皮肤清洁和保养的正确方法。

根据自己的购买能力，尽量选择性价比较高的化妆产品——这直接关系到你的化妆效果。有很多女性，明明掌握了非常精准的化妆技巧，却还是没办法得到一个精致的妆容，其根本原因就在于，她使用的化妆品存在一定问题。

使用频率较高的彩妆品，如口红、粉底、眉笔等，虽只是小物件，每次用量也不多，但由于"出场"次数频繁，还是应当得到重视，因此你在购买时，理应选择一款上等质量的产品。

别忘记，当你为了省钱不惜使用劣质产品"以次充好"时，不但劣质产品所呈现的劣质妆容能被外人看到，更严重的是它会损害你的皮肤，严重时甚至会破坏皮肤的新陈代谢，爆发痘痘，导致痤疮等皮肤病症。所以，千万不要为了省钱而选择质量差的化妆品。那是对自己的不负责任。

还有一些化妆品，因为选择不当，色彩有了，美感却没能体现出来。好的化妆品，永远能够做到两者兼而有之，在质地、色彩、细润程度等方面都能有较为出色的表现。记住，化妆的目的正是为了美，色彩和质地也是为美进行的铺垫。

还要使用高品质的化妆工具，"工欲善其事，必先利其器"，一套简便、质量讲究的化妆工具，才能画精致的妆容。工具一定要保持洁净，因为皮肤是很脆弱容易感染，所以无论是粉底、口红还是眼影，一定要放在干净、通风的地方，一旦被污染，就立即停止使用。

妥善保管、保养你的化妆品，能让你化妆顺利。

最后，要为自己准备一个精致的化妆包，专门用来放置你的化妆品。它就像你开启每天美好生活的一个伴侣，即使包包不是名牌产品，也是有你爱不释手的理由，对你的化妆行为，它是一份默默的鼓励。

除这些技巧之外，更重要的是，你要学会保持一种平稳的心态。要知道，化妆是一件需要反复练习的事，过程中可能会出现很多"残次品"，化妆失败也实在无需大惊小怪，"欲速则不达"，做任何事都需要一个循序渐进的过程，一步步地来。那种恨不能一两天就变成范冰冰的想法千万不可有。这样不但化不好妆，还容易打击自己学习化妆的兴趣。

达芬奇在最初学习画画时，就是从反反复复画一个鸡蛋开始的。想要学好，就一定要把根基打牢。女人面部的线条非常敏感，因此，化妆时要细致入微，多加练习，小心应对。

最后，化妆的一条基本原理是，突出你美的部位，对于不太完美的部位，淡淡处理一下即可。

皮肤不美，没有妩媚
素颜也可秒杀一切

对颜值一直都非常挑剔的徐志摩曾给陆小曼写过这样一段文字："我爱你朴素，不爱你奢华。你穿上一件蓝布袍，你的眉目间就有一种特异的光彩，我看了心里就觉着无可名状的欢喜。朴素是真的高贵。你穿戴整齐的时候当然是好看，但那好看是寻常的，人人都认得的。素服时的美，有我独到的领略。"虽说情人眼里出西施，但也可见他对陆小曼素颜无华的欣赏。

在日常生活中，我们看人的第一步往往是先看脸。五官和皮肤带给人的感观是最直接的，皮肤的好坏往往会给人留下最深刻的第一印象。你一天会遇到很多人，虽不可能记住所有人的长相和外部特征，但是会记住某个人的面部特征。良好的肤质可以帮助人在社交生活中获得完美的第一印象，甚至能破解聊天冷场的尴尬，两个女人见面，即使没有话题可聊时，也会先从护肤谈起，××最近面若桃花啊，用了什么护肤品？话匣子由此打开，尴尬解除了。

想要拥有良好的肤质、完美的第一印象，不仅需要化妆，还要拥有良好的皮肤状态。护肤永远比化妆重要。因为化妆只是遮盖面部的瑕疵，让你的脸蛋看上去很美，而护肤则是去除瑕疵，让你的皮肤散发出本身自然美。

看电视时一个肤白貌美的女明星做着护肤品的广告，逛街时一个皮肤白皙的女孩从你眼前走过，工作时一个肤白细柔的女人坐你隔壁，再看看镜子里的自己，肤色暗黄、松弛、纹路深深，你会不羡慕她们？

那么怎样保养肌肤呢？肌肤保养需从细节处做起。

第一要多喝茶。茶中含有茶多酚，茶多酚可以清除人体内有害的自由基，增强人体抗氧化能力和皮肤弹性，提高人体内酶的活性，具有抗突变、抗癌的功能。在众多茶叶中，对女性皮肤护理效果极好的是绿茶和花果茶。绿茶中含有抗氧化剂以及维生素C，可以起到维持皮肤弹力和美白肌肤的作用，花果茶中含有丰富的维生素、果酸和矿物质，具有舒缓情绪、美容养颜的效果。

第二多微笑，保持愉快的心情和积极的情绪，用微笑面对生活中的伤痛和挫折，及时心情调节、帮助肌肤保持年轻的状态。

第三改掉生活中的不良习惯。常听人说，优秀是一种习惯，在保养皮肤中这句话同样适用。想拥有令人羡慕的皮肤，需培养自己良好的护肤习惯和生活习惯。细小的习惯会随时间的流逝慢慢改变人的肤质状态。

第四是皮肤的清洁、保养和护理。皮肤保养的第一步是面部清洁。卸除彩妆是清洁的基础。不管多累、多晚都要认真卸妆，因为彩妆残留在面部会导致色素沉淀、脸色暗淡、堵塞毛孔新陈代谢、引起痘痘痤疮甚至使肌肤老化、失去弹力和光泽。要彻底地卸除彩妆，需配合正确的卸妆手法和正规品牌的卸妆产品。然后是去角质。在去角质产品的选择上，除了市场上的清洁面膜和去角质产品，DIY去角质面膜也是个不错的选择。用红糖和柠檬汁混合，涂满全脸，稍加按摩几分钟再洗去，会使脸部洁白又光亮，成本低廉且安全实用。

说到面部保养，不管何种肤质，补水是好肌肤的基础，做足了保湿工作很多肌肤问题就能够迎刃而解。比如眼部细干纹，使用保湿眼霜按摩可以使细纹变得不明显，从视觉上消除皱纹。

近年来，每日敷一张面膜养肤护肌的论调大行其道，面膜的保湿功能被神化，市场上的面膜销量节节攀升。医学专家表示：面膜只具有即时补水的作用，油性皮肤不适合每天敷面膜，频繁敷面膜会导致脸上长痘痘。其他肤质的皮肤可选择美白、抗皱、舒缓等功能性面膜间歇使用。

坚持使用保湿型护肤产品可以给肌肤打下良好的基础，充足的水分可以让肌肤充满光泽感和通透感。用保湿型护肤品配合田中按摩手法，还能起到提拉紧致的作用。一套完整的保湿水乳精华护肤流程仅需10分钟，每天坚持10分钟，就可以看见肤质的改变。

注重颈部的护理。女人过了30岁往往会长出颈纹，不过不用担心，用颈霜配合颈部提拉动作可减缓颈纹，但需长期坚持才能看见效果。

皮肤清洁保护的第二步是身体的清洁和护理。身体的肌肤长期遮蔽在衣服里，在肌肤保养中容易被忽视。如不及时清洁身体肌肤，会导致角质层增厚和鸡皮肤的出现，让人在夏季羞于露出皮肤。

泡温泉不仅可以彻底清洁身体肌肤，还有养颜护肤的功效。早在15世纪的欧洲就有温泉美容的说法。温泉水包括自然涌出和人为抽取的地表水，含有丰富的微量元素。泡温泉可以促进血液循环，加速体内新陈代谢，温泉内矿物质的美容、美肤效果显著。

SPA也可以起到清洁肌肤和保养肌肤的功效。早在中世纪，欧洲贵族就用SPA来放松、保养身体。通过香薰和按摩来促进新陈代谢，获得身心畅快的享受。

中国一直有"一白遮百丑"的说法，白嫩无瑕的肌肤是好皮肤的基础，也是中国女人一直热衷追求的保养美学。不管是面部美白还是身体美白的第一步就是防晒，目前市面上的防晒产品主要有物理防晒和化学防晒。敏感性肌肤和干性皮肤更适合直接反射紫外线的物理防晒，油性皮肤更适合于吸收紫外线再释放的化学防晒。

如果是日常上学、通勤，出门前半个小时涂好防晒霜，并随身携带一瓶防晒霜，每隔3~4个小时补涂一次。如果外出游玩、度假，除了携带防晒霜，帽子、眼镜、防晒衣和晒后修复产品也是必不可少的，在室外停留30分钟补涂一次，回到室内后及时使用晒后修复产品才能保证不晒黑。

肌肤的保养是一个长期的过程，不是一蹴而就的，认真、勤奋地护理肌肤，肌肤也会真实地反馈给你洁白、光滑的表象。素面朝天并不是淑女特享的专利，而是每个女人都可以实现的梦想。

让自己的衣服都百搭

俗话说，衣服是女人的第二张脸。精心细致的打扮、合适得体的着装，可以让你获得完美的第一印象，更加从容自信，在社交场合如鱼得水游刃有余。

着装体现着一个人的审美品味，衣服是会说话的，通过衣服可以展示一个人的内心世界。要通过衣服来修饰身体线条、扬长避短、彰显个人魅力，凸显个人气质和品味。锦衣华服显得人生活富裕、气质雍容，素衣简服显得人气质清新、淡雅。在社交场合中选择合适的衣服，展现个人魅力和风采，反之，则会沦为笑话，给人留下不好的印象。

民国时最有名的唐瑛，被称为上海头牌交际花，她在服装的选择上可谓精致到极致，成为后来者竞相学习和模仿的对象。她有十只描金的大箱子，装满了令人羡慕的锦衣华服，一面墙大的大衣橱里挂满了皮衣，衣服多到数不胜数。时下流行的名牌服装对于她是日常装备。就算不去社交场合，她每天都要换三套衣服：早上是短袖羊毛衫，中午穿旗袍出门，晚上家里有客人来，则着西式长裙。她去百货商店逛衣服专柜，遇见自己喜欢的衣服，就默默记下样式，买来最好的布料，加入自己的想法和智慧，让裁缝照做。她的衣服既是时下最流行的款式又带有强烈的个人风格，新颖别致、独树一帜，成为民国社交场合里独特的风景。她的妹妹唐薇红至今还记得，她的旗袍滚着很宽的边，滚边上绣满各色花朵。特别是，有件旗袍滚的边上飞舞着百来只金银线绣的蝴蝶，缀着红宝石的纽扣，精致细微、光彩夺目。她用衣服把自己包装得光彩照人，高贵优雅，充分展现了淑女的动人风采。

服装的质地意味着服装的品质，衣着的品质则公映着穿衣者的收入状况。质地优良的衣服，不仅观感良好，还能在一定程度上衬托一个人的气质，体现穿衣者的收入和社会地位。旧时的社交女性必定要衣着华贵奢侈、珠光宝气，而现代女人可以不漂亮、不苗条，但却不可以没有自己的风格。18世纪法国启蒙主义思想家和文学家德·布封说：风格即人。通过服就可以塑造自己的风格，做一个有风格的人。

那么，女性应该怎样穿衣服呢？

首先，在穿衣之前，先学会接纳镜子中的自己。每个人在身体上都会有一些缺点和不足，如果你不能改变它们，那么就学会接纳它们，用衣服去扬长避短。比如上半身肥胖的人避免穿紧致贴身的衣服，否则会显得上半身更加肥胖。下半身瘦，双腿较长的人可以穿修身高腰的牛仔裤，配以腰带，这样既可以提高腰线，又可以修饰腿部线条，显得人高腿长，一举两得。

其次，服装风格千变万化、款式琳琅满目，怎样从众多的款式中挑选出适合自己的衣服呢？这要从注重衣服颜色、款型和风格的搭配做起。

第一，衣服的颜色选择和搭配。在衣服颜色选择上，应遵循三色原则，全身上下的衣着，应保持在三种色彩之内，过多的颜色会显得很复杂，让人眼花缭乱。过少的颜色则会显得很单调、无味，因此保持在三种以内是最为合适的。

体形肥胖的人，应选择深色系的衣服，因为深色在视觉上具有收缩效果。深色中黑色是最保守的颜色，但是只穿黑色，显得单调、乏味。墨绿、深灰、深棕、藏蓝也是不错的选择，如果选择了粉红、浅蓝等浅色系，会显得更加肥胖，放大了自身的缺点。体型瘦小的人，可以选择浅色的衣服，如白色、黄色等，浅色从视觉上不会让人显得瘦小，而有骨感，舒心又清新。体型稍胖的人应选择条纹或者波点的衣服，在视觉上缩小身上多余的赘肉。

肤色偏黑的人，在选择衣服颜色时应以深色为主；黑、白、灰三色为主的深色，不会把肤色衬得更黑。肤色偏白的可以选择红色、蓝色等亮色，亮色会让肤色显得很白。在花纹的选择上，世界上颜色这么多，我们通过排列组合可以取得自己想要的效果，如明暗搭配、撞色搭配、互补色搭配等，颜色搭配得好，人的气质看起来就不一样了。

此外选择衣服的颜色应根据场合来决定。如在婚礼等喜庆的场合，适合穿红色、黄色等亮色系的衣服，衬托现场喜庆的氛围。参加葬礼等悲伤的社交活动，应穿着黑色、灰色等深色系的衣服。在气氛比较严肃的职场和其他公共场合，如公务员在办公室或参加公开的研讨会等场合，穿黑、灰、白等保险的颜色，不会出错。

在款式和风格方面，需要根据日常生活、工作需求来搭配。在日常生活和工作场合中，至少需要准备两套衣服，一三五一套，二四六一套，并保持干净和平整。梨型身材的人肩窄、臀部宽大，日常生活可选择休闲的款式，如衬衫裙、格子衫、圆领T恤等，衣服的搭配元素也很多，蕾丝、碎花等。泡泡袖、荷叶袖等有收腰效果的上衣也是不错的选择，宽肥的袖口可以适当地加宽肩膀，在视觉上达到上半身和下半身宽度一致的效果，不会显得上半身瘦小，下半身肥大，以致整体视觉有突兀感。宽松裙摆的长裙可以有效遮挡臀部的肥肉，把视线引导向裙摆处。腰部适当地装饰腰带等配饰，可以凸显腰身的纤细，发挥梨型身材的优势。在工作场合则可以选择高腰西裤和阔腿裤，遮盖掉梨型身材的缺点。苹果型身材，腰间宽肥，臀部瘦小。在日常生活中通过裙摆和黑色紧身牛仔裤可以有效地缩小自身缺点。有裙摆的上衣不会显得腰间赘肉突出，黑色紧身牛仔裤会显得人高挑、有精神、显瘦。在工作场合，选择带裙摆的上衣和紧身的西装裤，显得人精神奕奕、精明干练。

除了服装的搭配，丝巾、耳环、项链和包袋的修饰，也能够衬托出一个女人的气质和风格。

丝巾是一个女人柔软的符号，它可以帮你增加着装的色彩，衬托风情，也可以用在细节之处起到画龙点睛的作用。日常单调的T恤和针织衫，配上一条丝巾，可以让衣服多一抹亮色。将丝巾当成腰带在腰间系一个蝴蝶结，在晚宴或者舞会上，会令你成为一道亮丽的风景线。丝巾在细小之处增加你的风采，衬托你的美。

耳环和项链也是修饰、搭配的利器。无挂饰的长项链和流苏型耳环配黑色职业套装，可以显得穿衣者体形更加修长，气质更加成熟、稳重，更适合于职场。珍珠项链和珍珠耳环则显得人清纯、干净，更适合于日常生活配以休闲服饰。

对于女人来说，选择合适的包来搭配整套服装，不仅可以起到相得益彰的效果，也更能衬托人的气质。包的质感会影响人的整体造型和别人对你的第一感观。因此在包的选择上，可以选择名牌包，但不要把商标露在外面，会显得档次很低。利用丝巾与包的搭配，将丝巾系成蝴蝶结缠绕在包的提手上，或用丝巾直接缠绕包的提手，都能凸显包的品质和质感。如果你不知道怎样选择丝巾或者怎样在包袋上系丝巾，可以去品牌店咨询店员小姐，或者多看时尚杂志，增加自身的审美感和时尚感。

穿着合适，搭配得体，给人以舒适、美感的同时，也会使自己心情愉悦、舒心顺畅。在日常生活和工作中，想要穿着得体、搭配适宜，除了多多留心、观察别人的穿着，对明星的着装搭配多加研究、咨询有搭配心得的人士、多去尝试不同的服装风格，更重要的是保持内心的自信、淡定，自信带给人的气质是衣着不能给予的。只要这样，随着时间的积累，你定会修炼出优雅的气质。

追求时尚不是伪装自己
而是用时尚打造自己的限量设计

爱美是女人的天性。对女人而言，了解最新风尚，追求流行风潮是一种生活方式。女人用时尚装点自己，用流行武装自己，保持专属自己的独特风格和美丽，在社交场合留下闪耀的身影。

随着社会的发展和时代的进步，女性对时尚的追求标准、审美品味要求越来越高，香奈尔（CHANEL）的创始人可可·香奈尔（Coco Chanel）女士曾说过，"懂得怎样追逐时尚而不是跟随潮流非常必要，风格，对，我选择我的风格。"在她看来风格至上，女人应该追逐时尚风格而不是潮流，因为潮流是短暂的，但是风格却会永存不朽。女人因风格变得优雅、高贵，风格是一股力量，它在一程度上成就了女人。

然而风格的形成除了需要时间的堆叠和阅历的积累，还需阅读时尚杂志，了解时尚风向，提高审美能力。奥黛丽·赫本曾说过：美丽的姿态能与知识并行，这样就永不孤单。中国古人也说过：腹有诗书气自华。时常翻看时尚杂志，把握当下流行风尚，提高自身审美趣味，体味时尚美。阅读也许不会让你立马改变，但随着时间的推移，它会慢慢影响你的穿衣搭配、妆容打扮甚至行为举止和人生态度，形成你的气质和风采。

时尚杂志倡导时尚美、优雅风，内容从时尚潮流、明星采访、服装风潮、品牌风尚等方面扩展到了健康指导、情感故事、旅游心得、美食分享、心理测验故事等。广泛地阅读时尚杂志，能够了解潮流动向，是培养气质的一个颇为实用的方法。

目前市场上时尚杂志琳琅满目，应挑选一些较为优质的杂志来阅读，以节约时间和精力。阅读性较强的杂志有美国经典时尚杂志《名利场》，它以时尚人士、社会名流、各国皇室成员、影视明星为主要报道内容，辅以美容护肤、穿搭配饰等内容，读者年龄层次分布较广；英国高端女性杂志《Glamour》，以为明星穿搭做评审为主要特色，吸引不同年龄段的女性读者群体；韩国主流时尚杂志《ceci》，以明星信息、护肤美容、穿搭配饰为主要内容，读者群年龄在25~30岁；日本畅销的时尚杂志《FIGARO》《an·an》《nonno》《kera》《oggi》《CANCAM》等多以明星采访、保养美容、时尚搭配、星座占卜、心理测试等为主要内容，针对25~40岁之间不同定位的女性读者，如女高中生、女大学生、职场人士、成熟女士等；国内的《瑞丽》《昕薇》《米娜》《cosmo》《嘉人marie claire》《VOGUE》《悦己》《ELLA》《时尚芭莎》《ViVi》等，内容多以明星八卦、流行趋势、时尚新品、搭配指南等为主，目标读者年龄层次较广。

以美国的时尚杂志《名利场》为例，杂志封面是每期杂志的卖点，登上《名利场》封面的明星都是顶级明星，封面的观赏价值不容小觑。封面明星的拍照姿势、表情神态、妆容仪表和拍照时的构图比例、修图的明暗对比都值得好好做一番研究。

日本的时尚杂志针对读者年龄、人群分布做了详细的分类，可阅读性强。日系杂志一般在前几页都会刊登一些广告，阅读杂志时，请不要跳过广告，而要仔细阅读。广告不仅仅帮助你了解最新美妆趋势、时尚潮流动态、当下流行单品等，更向你传达了该品牌的最新动态，品牌理念和审美趋势。深入了解每个时尚品牌背后的故事，品牌的Logo起源、创始人的创业经历、品牌文化等，深入理解品牌表达的时尚态度和精神，用这种态度和精神去追求时尚，影响自我、改善自我。

日系杂志推介的穿搭指南、物件的摆设也具有较高的参考价值。穿搭指南要么是杂志编辑根据季节和场合的需要，综合各大品牌新品的颜色等因素总结出的，要么是通过对时下当红明星的穿搭评价，概括出的穿搭意见，具有一定的指导意义。深入研究穿搭技巧、色彩搭配，对自己平日的穿着有建设性意义。杂志在宣传产品时也提供了物件的摆设方法和拍摄手法，为读者日常拍摄照片提供了模板和意见。

日本的护肤品和彩妆具有较高的科技含量和品质，在世界上享有较高的声誉和地位，如植村秀、SKⅡ等品牌。当品牌推出新品时，日系杂志自然会深入报道，介绍护肤品和彩妆的最新趋势，发布流行妆容和技巧，传播护肤品采用的最新科技。认真学习时尚潮流、彩妆技巧，让自己更加美丽、自信。

随着科技的发展和网络的普及，阅读媒介和传播形式越来越多样化，时尚杂志不再仅以纸质的形式出现在人们的眼前，它们也顺应时代潮流推出了手机APP版，开发了微信公众号，甚至采取了听书等智能化阅读方式，让读者多方面地阅读与欣赏。以上提及的几种阅读方式，操作简单，也不会占用你太多的时间和精力，吃饭等餐的空档、晚上睡前10分钟、泡澡的时候等碎片时间都可以加以利用。

时尚杂志教会我们的是最新的潮流风采，当下的时尚搭配，当季的彩妆风格和彩妆新品，时尚大牌的品牌故事，创业历史。你从杂志中获取的知识或者经验，终将会在某一天影响你，沉淀成你的气质和风度。但是，怎样将别人的间接经验转化成自己的直接经验，有效提高阅读效率，增加有效信息的转化率呢？

答案就是做笔记和付诸实践。人脑对知识的记忆能力、记忆时间和储存能力都是有限的，因此需要借助外界力量来辅助我们记忆。

俗话说得好，好记性不如烂笔头，买一个纸质笔记本，阅读杂志时做笔记是一个不错的选择。随着互联网和智能手机的普及，手机APP在人们日常生活中的应用越来越广泛，目前市场上兴起了阅读笔记类APP，它能够保存、整理阅读素材，可以有效提高纸质类杂志的阅读效率。如涂书笔记，使用者读到感兴趣的内容时，先用手机拍下，用手涂亮屏幕后即可自动保存成文字，归入笔记库。再比如印象笔记，使用者拍摄下感兴趣的内容，立马就能转化成文字，保存为笔记，还可以给笔记添加标题、分类标记，方便日后翻看和引用。手机APP为纸质化阅读提供了便捷的服务，善加利用可帮助你收集到更多有效信息，提高阅读质量。

所谓付诸实践，就是记录下别人在时尚领域的见解和做法，将想法运用到日常生活中。在实践中融入自己的想法再付诸实践，如此反复，方可形成自己的风格魅力和时尚知识体系。

时尚杂志向读者传递美和高雅，分享时尚和风尚，给读者美的指引，阅读时尚杂志是提升自己时尚感、审美能力的一个行之有效的方法。时常阅读时尚杂志，亦可增加日常谈话谈资，扩大时尚知识知识储备。阅读的同时做好笔记，摘录下自己感兴趣的内容，并将之运用在日常穿衣搭配、化妆打扮中，就会逐渐形成自己的时尚风格，受益终身。

她说我什么礼物也没有
把微笑送给你好吗

微笑是世界上最简单的动作，只要嘴角微微上翘，眼睛轻轻眯起即可。一个简单的动作，却能带来无穷的力量和影响力。微笑之于女人，犹如春风雨露之于花朵，春风化雨、润物无声，滋润女人心，使女人绽放美丽光彩。

微笑是教养和涵养的体现，是社交礼仪的表现。美国心理学家梅拉比安的研究表明，在人际交往中人的印象构成，谈话内容印象占7%，语音语调印象占38%，外在形象和肢体印象高达到55%，可见微笑的重要性，微笑是社交生活的润滑剂，能够拉近人与人之间的距离，创造人类的友谊，促成商务交往。你对别人微笑，就会收获别人对你微笑，带着积极、向上的心情对别人微笑，就会收获友好、坚定的微笑。用积极、微笑的心情去做事，会让事情进展地更加顺利。

女人因为微笑而美丽。有位哲人说过，微笑是一个女人最美的神态；长得再丑的女人，只要一露出真诚的笑容，就会一下子变得漂亮起来。一个女人，她不一定美若天仙，但她嘴角上扬，行为优雅，在不经意间流露出柔情和知性，一举手一投足都让人心醉，会让人赏心悦目。

微笑是人类最美的语言，女人应努力练习微笑。有的婴儿呱呱坠地时，第一个表情不是哭而是笑，他们带着微笑来到人间，微笑成为他们与世界最初的交流方式。登机时，空姐礼貌地微笑，传递出友好、舒心的信号，让人身心愉悦减压舒畅。微笑作为无声的副语言，无时无刻不存在于人类社会中，给人类创造舒适的生存环境和氛围。

既然微笑对于女人这么重要，那么女人应该怎样练习微笑呢？

首先请护理好自己的牙齿。笑不露齿的古训仍环绕在耳边，但在现代社会交往中，露出六颗又白又整齐的牙齿，发自内心的微笑才是标准。如果牙齿不够白，可以通过使用美白牙贴、电动牙刷、美白牙膏、洗牙等方法实现牙齿美白。若牙齿有排列不够整齐、大小不一、咬合等问题，去专业的牙科医院咨询专业的牙科医生，拔牙、戴牙套等现代医疗方式都可以有效实现牙齿的美观。在现代，牙齿整形的技术越来越进步了，比如隐形牙套，痛苦程度也下降很多，值得尝试。台湾女星小S刚出道时，牙齿不够整齐，虎牙突出。曾被人评价：尽管大小S两姐妹长的非常像，但只要看牙齿就能分辨出她们俩，牙齿丑的一定是小S。小S为了变美，二十岁时开始带牙套，三年后摘掉牙套，牙齿整齐、光洁。她自信地微笑、讲话，成为知名主持人，还带动了台湾女孩整牙的风潮。整牙不必被年龄局限，变美随时开始都不晚。

其次请多多练习微笑的姿态。练习微笑时请面对镜子，充分放松面部的笑肌，最大限度嘴角扬起，露出六颗牙齿，做出笑的表情，拿出筷子用门牙咬住，然后调整两边嘴角在同一水平线上，笑姿就调整好了。心里想一些开心的事，眼里露出笑意，发自内心真诚地微笑，标准的微笑表情就是这样。每日对镜练习15分钟，每隔5分钟休息一次，持续练习一个月即可。

最后请发自内心地微笑。微笑时注意笑容与身体语言的结合。如赞同时点头微笑，切忌媚笑、坏笑、偷笑、假笑、冷笑。

世界名模辛迪·克劳馥曾经说过这么一句话："女人出门的时候如果忘记了化妆，最好的补救办法就是亮出你的微笑。"微笑与长相无关，你可以长得不漂亮，没有锦衣华服，但你可以保持微笑，微笑是女人最好的名片，没有人会拒绝一个微笑的女人，人与人的交往，往往从一个微笑开始。

生活有顺境，有逆境，很多事情和境遇是无法改变的，能够改变的只有个人的应对方式。不管遇到何种境遇，摆正心态，笑对人生。微笑是女人最积极的人生态度，最美的化妆术。

面对虚伪和复杂，请真诚、简单地微笑。王尔德曾说：尽管我们都生活在泥淖中，但仍要仰望星空。阿甘说，生活就像一罐巧克力，你永远不知道下一刻会吃到什么味道的巧克力。用真诚和简单融化虚伪和复杂，微笑对待一切，就会收获同样的真诚和真心。真诚地微笑，倾注内心全部感情，你就能领悟博爱和尊重，挥别生活中的烦恼、尴尬和铅尘，一切来自外界的纷扰和来自内心的羁绊都将变得无足轻重。嫣然一笑，就会看到人生不一样的风景。

面对困难，满怀自信地微笑。对于困难和问题，自信是最有利的武器，在困境中绽放一个自信的微笑，用勇气去打败生活中的"小怪兽"。靠自己的力量去挣脱困境，淡定自若、沉着冷静、微笑应对，成功占领困难的高地，实现自我解脱。

用微笑面对人生。佛家常说，万事皆有自己的尘缘，面对生活中的逆境和困难，内心强大，蔑视困难，完成一场自我修行。在尘世中不断磨练自己的内心和意志，练就强大的心理素质，给予逆境和压力一个完美的微笑。

面对爱情，请微笑对待。试着去拥有爱情，用微笑去获取爱情。杨贵妃曾被赞"回眸一笑百媚生，六宫粉黛无颜色"，因为她的

"回眸一笑"获得了唐明皇一生的爱恋;《罗马假日》里清纯灵动的奥黛丽·赫本,仿佛从天而降的人间天使,用天真无邪的笑容俘获了高里·派克的真心。不管她们结局如何,以微笑面对爱情,注定会得到爱情的馈赠。著名影视演员黄磊和妻子孙莉相恋20周年,只要黄磊的摄影镜头对准孙莉,她就会不自觉地微笑,幸福洋溢在脸上。爱情对于女人,是人生最美的微笑,人生最幸福的注释。

即使没有爱情,也要保持微笑。爱情并不是人生的必需品,茕然一生、孑然而行未必会不幸福,选择合适的生活方式度过自己的一生,才是幸福的最终定义。安迪·鲁尼曾经说: If you smile when no one else is around, you really mean it! 当你一个人独处时笑了,那是真心的笑! 一人食、一箪食、一瓢饮、微笑自足、娴静快乐,内心的安然稳定,犹如生活洒满阳光,身处武陵中人发现的世外桃源,幸福自若。对自己微笑,热爱生活。面对孤独的时光,微笑前往,用读书、音乐去充实自我、陶冶自我。微笑,是孤独时光中开出的一朵花,孑然一枝,独自美丽。

作为女人应时常微笑,别害怕微笑使你长出皱纹、显得衰老。皱纹表示你经历了岁月的洗礼、接受了时间的馈赠,犹如凯撒大帝曾言:我来了,我看过,我征服。放心,微笑不但不会使你衰老,反而会保养你的肌肤。它是高级营养霜,涂抹在脸上,使你的心态更加年轻、愉悦和舒畅,肌肤自然而然散发出年轻的光彩,让你青春常驻,愈加美丽动人。微笑,代表了一种幸福感,保持微笑,内心就会充满幸福感。女人用微笑面对生活,可以让人感受到她心底的阳光和幸福。岁月催人老,但微笑是最美的化妆术,它会化腐朽为神奇,让你永葆美丽和青春。

真的特别喜欢
你抚摸我长发的样子

拥有一头飘逸柔亮、光泽柔顺的秀发是每个女人的梦想。对于女人来说，头发是精神气质和内在涵养的体现，对个人印象起到至关重要的作用。

一个女人的秀发体现了她对自己的精心呵护程度，头发就像一面镜子，如果你悉心护理头发，头发就会光泽焕发、发质柔软、顺滑，就像你对着镜子微笑，它也会对你微笑；相反，如果不愿意投入精力护理头发，头发就会毛躁、黯淡无光、分叉甚至脱发，就像你对着镜子哭泣，它也会对你哭泣。头发的质量是可以通过护理得到改善的。

护发的关键是保护好毛鳞片，毛鳞片越密集，头发就越亮泽。保护毛鳞片的方法很多，注意洗发和护发的方法就可以改善毛鳞片，从而达到护理头发的目的。

想要护理好头发，首先要了解自己的发质。发质分为油性和干性。油脂分泌较旺，头发看上去比较油腻的是油性头发；油脂分泌较少，头发看上去干枯的是干性头发。

发质可以通过食补来改善。中医认为"头发血之余"，头发与肝脏、肾脏的气血有关，头发黑亮，表明肝脏、肾脏气血充足、运转良好。多吃坚果和绿色蔬菜，可以改善发质，增加头发光泽。坚果和绿色蔬菜中富含丰富的蛋白质和维生素，给头发提供蛋白质和营养，修复损伤的头发，让秀发更加亮泽。

除了食补，还可以通过以下几个方面改善发质。

第一，了解洗发的频率。头发不需要每天都洗，每天都洗头发反而会加速头发出油，使头发变得干枯。因为洗头时，毛鳞片遇水自动打开，频繁洗头会造成毛鳞片损伤。有些人洗完头之后，喜欢湿着头发梳头、湿着头发睡觉，或者用电吹风把头发吹得很干，这些做法都会加剧毛鳞片损伤，使头发逐渐变得黯淡无光，而且干枯易断。油性头发每隔2~3天洗一次，干性头发每隔1~2天洗一次，保持这样的频率会让头发的出油率和干枯速度减缓。

第二，做好洗发前的准备工作。梳子一把、洗发水、润发素、发膜、吹风机。

第三，关于梳发。洗发前先将头发梳顺，避免洗发时头发缠绕在一起。现在市面上可供选择的梳子众多，推荐Tangle Teezer美发梳，它打着英国凯特王妃最爱的旗号进入市场，号称"英国殿堂级专业美发刷，梳发顺畅不打结"，被众多美妆达人追捧为"神梳"。Tangle Teezer的梳齿长短相依，齿距较大，梳齿采用弹性材料TPEE做成，不管多乱的头发都可以一顺到底，避免拉扯、扯痛头发，对所有发质都适用。

梳头发的时候，抓住发根，用梳子轻缓地梳理发梢，依照此法，从发尾梳至发根，梳通所有头发。如果头发缠绕严重，从发根开始梳头发很容易扯断头发。

第四，在洗发水的选择上，可选用不含硅胶的洗发水。含硅胶的洗发水会附着在头皮上，使毛鳞片堵塞，让头发摸起来滑滑的。如果不喜欢用含硅胶的洗发水，可选用氨基酸洗发水，如契尔氏氨基酸椰香洗发液，它含有氨基酸成分，有一定的清洁功能并且很温和。如果头发有较多的头皮屑，可使用采乐洗发水清洗头发，效果较好，如果采乐洗发水没有效果，请去看医生。

第五，关于护发素和发油。护发素和发油涂抹在头发上，填补张开的毛鳞片，在头发上形成光滑的表面，减少了头发之间的摩擦，使头发摸起来顺滑、柔软。契尔氏氨基酸椰香护发素含有氨基酸，能在一定程度上改善毛躁、干枯的发质。

第六，吹风机的选择和使用。选用性能较好的负离子吹风机，既可以将头发抚平、除湿，也可以吹出头发的亮泽感。目前市场上较高端的吹风机首推日系吹风机，其中戴森吹风机（Dyson Supersonic）以黑科技出名，知名度较高，价格昂贵。它最大的卖点是没有扇叶，超静音装配，比传统的吹风机小巧，便于使用和携带，并且可以智能检测温度，不会损伤头发，负离子技术使头发速干、亮泽。

吹发时一手持吹风机，一手用梳子梳理一层头发，梳子和吹风机一起从发根梳理到发尾，转层吹干，直至将全部头发吹干。

第七，采用正确的洗发方法。洗发时先将头发充分湿润，将洗发水倒在头发上，用指腹贴着头皮缓慢按摩头发至起泡，不要用指尖去抓头发，这样会损害头皮；按摩时力气尽量小，从发根按摩到发尾，让所有头发都被按摩到，依次循环两三遍洗掉即可。

第八，洗发后的注意事项。洗完头发后不要湿发睡觉，因为洗完的头发，毛鳞片全部打开，湿发睡觉会加剧头发的磨损，使光泽感下降、掉发甚至断裂。

第九，巧妙运用DIY卷发器，塑造个人的独特形象。一般理发店染发时会使用一种名为氨水的化学试剂，它对头发损伤较大，使头发分叉、变形。因此，减少烫发可以保护头发。

如果想烫发，市面上的电动卷发器是一个不错的选择。电动卷发器是一次性烫发，对头发损伤较小，而且操作方便、简单，用卷发器卷曲头发就可以烫出自己想要的发型，对于追求个性化发型，时常想改变发型的女性来说，是一个不错的选择。目前市场上较火的卷发棒品牌有babyliss卷发神器等，它可根据个人需求卷出日常发型，如发尾内翘、蛋糕卷或梨花头。

每个女人都想拥有一头乌黑、亮丽的头发，秀发不仅可以塑造良好的个人形象，还可以给人留下完美的印象，成为个人风格的标志。

优雅的身姿
才是一见钟情的资本

培根说过:"相貌的美高于色泽的美,而秀雅合适的动作的美又高于相貌的美。"现代女性不仅需要修饰外表,还要训练自己的仪态身姿,塑造自己的形象。仪态是一种无声的语言,它传递着一个人的内在气质、修养、家教和心理状态,展现了女人的自然美、女性美。

在社交生活中,姿态优美的女性比身姿平平、体态一般的女人更具吸引力。良好的身姿形态不仅能充分展示你的个人魅力,还能给人留下深刻的印象,为进一步交往打下基础。

如想训练自己的形体姿态,首先找一个姿态高雅、形体优美的女性作为榜样和目标,时常参照激励自己。可选择的女性对象较多,可选名模、明星作为参考对象,如佐佐木希、米兰达·可儿、林志玲、张梓琳、林心如等。

训练体型姿态可从以下几方面着手。

首先是坐姿。端正优雅的坐姿可以展示一个人的风采,有益于身体健康发展。一般错误的坐姿表现为颈椎过度弯曲,头向前探,胸椎过度屈曲,重心落在腹部,这种姿势会导致肩颈酸痛,令人疲惫。正确的坐姿是下巴收紧,肩胛骨向后收缩,背部挺直,腹部收紧,重心落在骨盆处,人会显得有精神。坐着的时候不要翘二郎腿,二郎腿会使骨盆变形,极容易引起女性腹部肥胖,破坏身体的曲线。

其次是站姿。常见的错误姿势有驼背等。驼背是一种非常普遍的不良姿势,好发人群多为学生、上班族、"手机低头族"等。驼背的日常表现有:头往前伸、颈部深曲、圆肩等。驼背会影响个人美观,导致肩部酸痛。改善方法有背墙而站、肌肉力量训练等。背墙而站的时间不用刻意挑选,每天吃完饭站立半个小时即可,站立时双肩打开,肩胛骨下沉,双脚保持和肩同宽,保持后脑勺、脖子、肩膀、屁股在同一条水平线上,双腿保持稳定,当你感觉到累的时候就是双肩打开的最佳角度,坚持日久就可以改变驼背的情况。

肌肉训练是一种较专业的训练方式,可以观看网上的视频或者咨询健身教练。肌肉训练主要有泡沫滚轴法等,所谓泡沫滚轴法是指将泡沫滚轴置于肩部位置,腰部抬起,进行碾压和滚动。以上方法皆需长期坚持,才会产生效果。驼背得到改善人的气质也会随之改变。

舞蹈是改变形体姿态的最佳的选择。学习过舞蹈的女性,走路时抬头挺胸、双肩舒展、步若莲花、自然放松,她们气质斐然,自信淡定。中国著名女演员刘诗诗身姿绰然,气质翩翩,她在电视剧中的惊鸿舞让人惊艳不已,在这背后是十几年的舞蹈功底。对她而言,舞蹈不仅仅是一个兴趣爱好,而是她的生活方式,她将舞蹈融入自己的生活和生命。除了舞蹈,健身操、瑜伽等室内运动也可以尝试。

在公共场合,举止得体、形体自然,会给人以舒适、自然的美感。注意个人卫生,不做过多粗鲁、邋遢的小动作,如挖鼻、挖耳朵、清理指甲、清理牙齿上的残留物、随地吐痰等。在公共场合做这些小动作,会严重影响个人形象,给人邋遢、不雅洁之感,降低别人对你的良好印象。所以请在家里或私人场所提前完成,如果一定要在公众场合做这些动作的话,找一个较为隐蔽的场所,如卫生间,注意动作幅度、持续时间和动作声音等细节,维护自身形象。

对自己严格要求，时刻铭记行为规范，注意自己的行为举止，不随意放纵、恣意妄为，不做过多毛手毛脚的小动作，如伸舌头、噘嘴巴、打嗝、言行粗暴、抓耳挠腮等，不给人粗鲁、随意之感。

在公众场合应遵守公共场所秩序，保持个人仪表整洁、行为典雅，注重维护个人卫生和公共场所卫生。

在餐厅用餐时，保持身体直立、重心落在骨盆处，细嚼慢咽，保证食物正常消化，胳膊垫在桌子上，不抬到空中，避免自己的筷子碰到别人的筷子，一次不夹过量的食物，饭桌上的菜依次夹过，同一盘菜不连续夹两次，保持良好的吃相。女性应对自己严格要求，从吃相可以反映一个人的家庭教养和个人修养，体现个人素质。

维持良好的形体和习惯，塑造优美的个人形象，帮助自己在社交生活中取得成功。正如哲人穆格发所言："良好的形象是美丽生活的代言人，是我们走向更高阶梯的扶手，是进入爱的神圣殿堂的敲门砖。"

一个隐形女子
不可告人的秘密

香水常被人称作"液体黄金""女人的第二层肌肤"。香水一词起源于拉丁文"per fumum",意为"穿透烟雾"。烟雾给人缥缈朦胧之感,正如香水赋予女人的神秘高雅。世界上最早的香水诞生于古埃及,最早的现代香水产于14世纪的欧洲,发展于法国。天生热爱浪漫的法国人将香水不断改造,推陈出新,成为女性时尚的标志,风雅的代表。

香水之于女人,犹如芳香之于花朵,阳光之于大地。香奈尔(CHANEL)的创始人可可·香奈尔(Coco Chanel)曾说过:"不用香水的女人没有未来。"香水带给女人高贵、典雅的气质,体现女人独特的审美品味、高雅的时尚追求。喷洒香水的女子,带着幽幽暗香飘然而过时,总有或清淡或浓烈的芳香,袭人心神、沁人心脾,充满了神秘感,让人驻足留心观察,继而欣赏和赞美。

香水是能令人愉悦的小物,小小的一瓶香水足以让女人转换心情。雾气缈缈、香氛萦绕,能让女人摆脱眼前的坏心情,安抚缭乱的心绪,令人心安神宁。香水为女人的生活平添了几分浪漫的情趣和格调,让生活更加美好。

所谓闻香识女人,香水是社交的最佳配饰,是增加个人魅力的佳品。在社交场合喷洒香水,体现了一个女人的修养和气度。拥有香氛味道的女人更有吸引力。香水与妆容、服饰、社交礼仪的完美搭配，让女人的个人气质大放异彩，给人留下深刻印象。香水可以帮女人化腐朽为神奇，为女人增添光彩，所以女人在运用香味之前应对其有充分了解。

首先要了解香水的分类。按照香精含量可将香水分为香精香水、浓香水、淡香水和古龙水，香水中的香精含量跟香水香味的持久度和扩散度成正比。香精香水（Perfume）香料含量在15%~25%左右，留香时间较长，一般在12小时，香味持久度较高，扩散性较强，前中后调味道层次分明；浓香水（Eau de Parfum，简称E.D.P）香精含量在10%~15%左右，留香时间一般，大约在5~7小时，香味持久度一般，前中后调味道层次较分明；淡香水（Eau de Toilette 简称E.D.T）香精含量在5%~10%左右，留香时间一般，大约在3~4小时，香味持久度一般，前中后调味道层次分明度一般；古龙水（Eau de Cologne）香精含量在3%~5%左右，留香时间较短，大约在1~2小时，香味持久度较短、扩散性较差，前中后调味道不分明。

按照香调可将香水分为柑橘调、花香调、果香调、皮革调、木质调、甘苔调、海洋调、水生调、绿叶调、美食调、馥奇调、东方调等。较为甜蜜的芳香，适合年轻、甜蜜的女孩。强烈或异国的花香比较适合聚会等场合使用和作风大胆的女人。清新的花香适合工作场合使用和温柔、安静的女人。著名的花香调香水是Kenzo推出的三宅一生"一生之水"女士香水，该款香水前调以睡莲、玫瑰、鸢尾为原料，营造出娇羞、迷人、随风而舞的睡莲带来清新和愉悦氛围，中调是淡淡的百合，悠远缥缈，后调是水果花、月下香、木犀兰，清澈安静，意境悠长。此款香水以空灵、清新、淡雅出名，给人一种安详、优雅、安静之感。清新自然的水生调和海洋调适合外出旅行时使用；东方调的香水适合营造神秘、高雅的氛围。著名的东方调香水是圣罗兰公司推出的圣罗兰"黑色奥飘茗"女士淡香水（YSL OPIUM BLACK EDT），其前调是清新的绿橘，充满活力和跳跃感；中调是橙花和茉莉柔美又优雅的花香；后调是咖啡香调，醉人的浓郁，呼之欲出。它以神秘、高雅的芬芳香味被公认为东方调香水的典型代表。黑色的瓶身华丽高贵，适合果敢、干练、知性的女人使用。

最后需了解香水的使用方法。香水使用前可进行试香，试香前准备好试香条和咖啡豆。把香水喷在试香条上进行试闻，建议一次性闻香2~3种香味最为适宜，避免嗅觉混乱。试闻完一种香水后闻一下咖啡豆，因为咖啡味具有较强的吸附效果，能有效清楚鼻腔内余留的香水味，为下一次闻香做准备。

喷雾法也叫香水雨、香水彩虹。早上出门前或晚上洗完澡后，将香水在头顶上空喷S型弧度，在香水落地之前，低下头张开手臂在香水雨中转一个圈，这样香水就会落在衣服和身体上，香味更加持久，此方法适合香味较淡的淡香水和古龙水。

七点法。所谓七点，即人的头发、耳后、脖颈、手腕静脉处、腰部、膝盖、脚踝内侧七个位置。七点位置可根据季节、场合、使用者性格不同进行选择性喷洒，不必按部就班。七点法喷洒的针对性较强，喷洒位置较多，举手投足间就会香味缭绕，此方法适合香味较浓的香精香水和浓香水。约会时使用此方法，将香水喷洒在耳根后、手腕静脉处可增加浪漫气氛。

睡眠香水法。睡前将香水喷洒在枕头上，隔天早起后头发会带有淡淡的香水味。香水内含有挥发性较强酒精，不必担心枕头会发霉。同时涂抹香味相同的身体乳，香水味会更加持久、浓郁。

用餐时香水喷洒法则。尽量选用淡香水，喷洒在腰部以下，使用香味过浓的香水或者全身喷洒香水会掩盖食物的香味。为了预防味道较重的食物味道残留，可在餐前使用香水。直接拿起衣服，喷洒在衣服上，可让衣服充满芳香，避免尴尬。

心机香水使用法。路易十六时期，喷洒了香水的香水手帕曾非常流行，一时成为上流社会社交的宠儿，现代社会使用手帕的人越来越少，但纸巾和手帕有异曲同工之妙。在纸巾上洒上香水，放在口袋里，跟人接触的时候就会有淡淡的香水味散发而出。

混喷法。顾名思义就是将不同种类的香水混合、叠加喷洒。当两种香水的主要成分和香调大概相似时，叠加喷洒可产生意想不到的味道。

恰当地使用香水虽然可以产生美妙的效果，但使用、保存时也需注意以下事项。

第一，香水不宜喷洒在易出汗和太阳直射的位置，出汗和阳光的热度都会导致香水加速挥发，降低香水持久度。

第二，香水的喷洒不宜过多，走过留香是最高境界。过多的香水导致人体香味过重，影响周围物品的味道，给人留下不好的印象，降低社交质量。

第三，香水不宜喷洒在脸上。香水里含有酒精，敏感肌肤接触酒精可能会引起过敏反应，香水生产商为了加长香水存放时间可能会在香水里添加防腐剂，对皮肤不好。若不小心喷洒到脸上，用面巾纸擦干水分，等待其自然挥发即可。

第四，香水不宜喷洒到皮革和珍珠等首饰上。香水会使皮革变得潮湿发霉，影响皮革的观赏性。香水喷洒到珍珠首饰上会使其发黄变色，影响色泽和质感。

第五，香水内含有的酒精具有挥发性，存放时应注意密封保存，避免阳光直射。放在化妆台阴暗避光的角落，或者存放到衣物间，增加衣物的芳香，避免自然挥发的损耗，充分发挥香水的价值。

　　一个拥有优雅、成熟的香味的女人，让人忍不住透过香水去幻想这个女人的性格和生活品质。香水是女人社交必不可少的工具，充分了解香水并善加利用，可以增添个人韵味和气质，创造神秘、优美的感觉，为自己在社交中赢得优势。

出门没带口红，就跟手机没电差不多
你说是什么概念

如果说眼睛是心灵的窗户，那嘴唇就是女人的门扉。嘴唇是女人脸上能肆意涂抹颜色面积最大的部位。如果你问一个女人："假设你只能拥有一样化妆品，你会选择什么？"你所得到的绝大多数答案必然是：口红。

口红对于女人的意义，正像玛丽莲·梦露所说："口红就像时装，它使女人成为真正的女人。"女人不可缺少口红，就像鱼儿不能缺水。能精致地对待自己的女人，会非常注意口红的选择，并且，也会在其中找到无穷乐趣。记住永远不要让你的嘴唇只呈现一种颜色。

在女生的世界里有一句经久不衰的话："没有什么是一只口红解决不了的事。如果有，那就两只！"

挑选口红的时候别被美丽的颜色所迷惑。对于很多人来说，口红是最容易种草的一个彩妆单品。它不像护肤品需要长期坚持使用才有效果，而是一旦涂上就能立刻提升气场，简直是所有女性最爱的单品。

一个女人必定要有口红，一个漂亮的女人必定会有很多种口红。口红是你的武器，是你的气质，更是完美主义的追求品。

一支口红怎么可以满足的了一个完美主义的女人？口红又不是挑男人，哪有从一而终的？不一样的颜色代表不一样的场合，更代表了不一样的心情。

日常生活中经常碰到的几个色系是红色系、粉红色系、玫瑰色系、咖啡色系、赭红色系和橘色系。

首先是红色系,红毯最常见的颜色之一,当然也是派对中最吸引人的颜色。女人一定少不了一只红色的口红。红色可以给人一种强烈的视觉冲击力,提升个人的面部神采和魅力值。所以红毯、晚宴或者聚会都会看到大红唇。

然后就是粉色系了,它是各大秀场比较中意的色系,色彩明显但不觉得突兀。对于青春靓丽的女性,粉色系口红的出场率也是极高的。粉色系的口红相比其他颜色更具青春活力,给人一种青春明媚的感觉,还能增添一颦一笑的无限风情。所以如果你想打造青春阳光的风格,粉色系绝对是首选。

暗红色(玫瑰色系)是最妩媚的颜色,优雅知性之余又不失性感,也是女人梳妆台上不可缺少的颜色之一。无论是打造性感妩媚的妆面还是优雅知性的妆面,它都不会让你失望,也能很好地呈现女人的美丽。

最后的橘色系,是一个相对难以驾驭却是减龄利器的色系。据说章子怡很宠爱橘色系,涂上它仿佛年轻了十几岁的样子。橘色本来就给人一种明朗、健康的感觉,如果你想呈现青春、爽朗、活力,橘色系唇膏便能达到这个效果,它能使人呈现出时髦、大胆、活跃的气质。

选择口红时,要注意品牌及颜色。如果皮肤颜色偏黄,就要选择暖色系列,避免使用粉红色调。粉红色的口红虽然好看,但偏黄的皮肤涂上它反而会显得皮肤蜡黄,不健康。而皮肤白皙的人才适合粉红色系,涂上后会衬得肌肤粉嫩可人。

越是浅色的接近白色的唇色越会显得皮肤黑，因此挑选口红一定要根据皮肤的白皙程度来挑选。偏黄肤色应选择偏暖色调的橙色或茶色口红，也可以试着涂上多层色彩柔和的唇彩。但注意，千万不要使用会让脸色显得难看的带有冷色调的唇彩。

红润肤色应选择色彩鲜明的唇彩，与发色搭配效果更好。涂抹时无须模糊轮廓线，让唇显得清晰分明才是上上之策。

白皙肤色适合鲜艳的橙色或嫩粉色等色彩明亮的唇彩。唇部中央涂抹的浓一些，周围部分则淡淡地晕开，造就楚楚动人的轻柔娇唇。颜色太淡的唇彩会让人看起来无精打采，所以不要使用。

黝黑肤色适合选择或浓烈或浅淡的颜色，才能打造出精神焕发的妆容。另外，使用含有金色或珠光闪粉的唇彩，能展现出十足的个性。千万不能使用中性色。

使用口红时，唇色除了要与肤色相衬之外，还需要根据当天的妆容、服饰来进行调整。你所选择的口红颜色其实会透露出你的性格，并且影响着别人对你的印象。

晚妆配合夜间暗淡的照明，宜选择浓艳热烈甚至发光的口红，以衬托华贵艳丽的形象。日妆由于白天的光线强烈明亮，所以适宜选择自然柔和的口红，可多用中间色调，给人纯净庄重的印象。

在涂口红之前，要将口红拿到衣服前来做一下对比，选择色彩比较相近的。如果衣服是黑白色系，艳丽的大红或是紫红色的口红会让你倍添华丽的明星气质。

参加重要宴会时，最好选择看上去显得成熟稳重的唇膏颜色，要尽量避免使用有光泽的亮光类唇膏，以免给别人留下轻佻的印象；应聘面试时，要使自己看上去很认真正派而又有责任心，唇膏以粉红色系列为佳；去户外活动，宜用珍珠系的口红，不可用有光泽的唇膏，才可体现活泼生动、富于朝气的妆面特点。

　　女人，就该拥有一抹属于自己的专属色彩，不为取悦别人，只为呈现最好的自己。

| 第二章 |

我能想到最美好的事，
就是喜欢你的每一天里
被你喜欢

姑娘
愿你长的美丽，活的漂亮

三毛曾说："岁月极美，在于它必然的流逝。春花，秋月，夏日，冬雪。你若盛开，清风自来。"岁月长流，时间不待，在岁月的长河中，我们或多或少被岁月刻画上了模样，该怎样保持坚定、拥有自我呢？

面对人生，坚持自我，不随波逐流。保持本来的做派，不随从，坚持悦己的信念，就会得到生活的回报。

面对梦想，坚定梦想，不忘初心，努力拼搏，终会实现。

爱情是人生的必需品。爱情滋润着美丽，使女人绽放光彩。

面对爱情，不慌张、不盲从、不将就，等待爱情。坚信你若盛开，清风自来。等待是不是你那时的信奉，还带着旧时的花香，我俯身将那花香细嗅，而后恍然忆起那时的自己也是这般的欢喜寂静，心蒙烟，眼蒙雨，那些旧忆犹如一团心麻，乱而有序，看似相缠，却是各有轨迹，就如最初那些不愿提及的过往，却是识得你后而有了井然，有了洞穿后的纷飞。

发自内心地去爱一个人。冰心曾说："爱在左，情在右，在生命的两旁，随时撒种，随时开花，将这一径长途点缀得花香弥漫，使得穿花拂叶的行人，踏着荆棘，不觉痛苦，有泪可挥，不觉悲凉！"爱若盛开，美景自来。

得之我幸，失之我命。

人活着就是一场修行，修炼自我，提高内在，修炼美丽的外表、优雅的气质，练就强大的内心。在红尘岁月中，看岁月花开，等清风拂面，静享好年华。长相虽是天生的，但是女人可以借助化妆、运动、服饰等方法，从一定程度上修饰容颜。容颜会老去，但是气质和强大的内心会伴随一生，让女人拥有个人风格和独特魅力。

气质是一个人有别于他人的独特风采，气质优美可以增加个人魅力和吸引力。国民女神林徽因，气质出众，文采斐然，思泉如涌，吸引了异性的目光，被梁思成、徐志摩、金岳霖深爱。

强大的内心是面对苦难和压力时，淡定从容、坚定信念、冷静自若、勇往直前。内心强大是一种一往直前的心理状态，让人获得美好生活的精神意念。张幼仪当年被徐志摩讥讽为"小脚和西服"，怀着身孕被迫离婚，离婚后她凭借坚定的信念和强大的精神执念，远走异乡，边带孩子边读书，后出任上海女子商业银行副总裁，创办了中国第一家新式服装公司。

气质和强大的内心的获得不能一蹴而就，而是随着生活经历、社会阅历的不断增加、积累而来的。除此之外，自我修炼也可塑造气质、磨练坚韧的内心。

读诗论道。腹有诗书气自华的道理早已人尽皆知，但是书籍品类甚多，应该从何下手呢？培根说过："读诗使人灵秀。"诗词是历史文化的精华和总结，中外文化历时千年沉淀，绚烂至极，优雅无境，常读诗，了解诗中的理论道德和思想境界，可以丰富精神境界，增加内在修养。

品茶。茶叶能同时带给人视觉、味觉、嗅觉的三重体验，茶叶是高雅的艺术品，品茶是体验美妙、观赏优雅的艺术享受。飘然旖旎、舞动柔美的茶叶带来的味觉虽短暂，它的生命也仅存在于一个小小的茶壶中，但是带给品茶者的回味和思绪却是悠远的，其禅意意韵是无穷的。品茶寻道，可以提高精神境界和审美趣味。

品酒。岁月如酒，对酒当歌，把酒问道，挖掘酒的魅力，寻找精神寄托。观色、闻味、品酒的过程犹如人生，白酒的冷冽、葡萄酒的酸甜一一入口，不断升华、凝集在舌尖，冲入思绪，给人以美好、雅致的体验。

学习一门艺术、外语。纵观中外淑女，无一不是精通一门艺术或多门外语。被称作"天使的微笑"的奥黛丽·赫本不仅演技精湛，获得了奥斯卡影后的桂冠，还精通英语、法语、意大利语、西班牙语、葡萄牙语、荷兰语、佛兰德语等多国语言，老年的时候专注慈善事业，依然风姿绰约，娉婷依旧。宋美龄不但精通英语、法语、俄语、日语、西班牙语、意大利语等多国外语，代表中国出访外国，被称为"民国第一夫人"，而且精通绘画，她曾拜张大千、黄君璧、郑曼青为师，深入学习绘画，并涉足音乐、外语、宗教、体育等多个领域。由此可见，外貌美丽、气质优雅的女人若同时拥有艺术、语言才能，则会更加引人注目。学会一门艺术或者语言，需善于规划日常时间，乐于付出时间和精力，报成人班或充分利用网络资源，持之以恒终能达成所愿。

红尘中，只要有爱经过的地方，相信一定会有一派美景，一缕醇香。活着是一场修行，当我们懂得了爱，懂得了慈悲，那么，我们就可以怀着安暖心情，在流年袅袅的风尘中，食红尘烟火，赏人间百态，享岁月静好。

你这么矫情
你家人知道吗

红尘辗转,时光暗流,世界万千变化,人为物役,心因情累,现实生活中总是有一丝浮躁,让人迷失本来的方向,不知该何去何从。古人云:深水静流,闻喧享静。为人处世,不矫揉不造作,温柔敦厚,内敛柔和,内涵丰富,面对纷繁复杂的世界,像流水一样,用安静温柔的生活态度,优雅从容地活着。

真正的优雅女性,如静水,拥有温柔内敛的个性,似静水深流的优雅,由内而外散发出的气质。静水深流的女人沉稳如山,空灵如水,宛若空谷幽兰,悠然而出,遇事沉着冷静,巧妙处理,既不逞强也不示弱。著名歌星王菲在面对媒体的追问和拍照时,永远都是表情淡定,平静地走过,从不多说一个字,给人高贵冷淡神秘的感觉,王菲的这种性格也为她积累了很多人气。

真实地活出自我,真诚不谄媚、不虚伪。真实不是直接,而是单纯、不世故。单纯是简单干净、思想纯洁、本质善良,但看得透彻;真实了解,但不说透。真实是人生一种境界,犹如大海,可以容纳成百上千种生物,从不挑剔、排斥外来生物,几亿年来与它们和谐共存。真诚是待人真诚、不虚伪,与人交流时,让别人感受到你的真心诚意。以真心和真诚对待身边的人,也获得他人的真心和真诚。

永远做自己,而不是做别人喜欢的自己。为人处世时,保持自己独特的个性和魅力，不锋利带刺，而以温柔示人。世上最难的事可能就是做自己了，人活在世上总会面对各种各样的压力，或令人妥协，或迫人跟随。在世态变化前，要保持内心的勇气，勇敢地去做自己，不妥协、不跟随，追随自己内心的旋律翩翩起舞，跟着自己的脚步，勇往直前。做自己，保持本性，低调不张扬。

顺其自然，不强求。顺其自然是一种处事哲学。遵循事务的本身发展规律，依附事态的自行发展。人生是一场旅行，最好的活法不是活的精致而是顺其自然。人生匆匆，顺其自然，接受不能改变的，努力改变可以改变的，珍惜当下时光，过简单的生活。把生活活出它本来的面貌。

怎样才能保持内心的宁静，做一个如一泓静水的女人呢？

第一，保持内心强大。内心强大是一种积极向上的生活态度。红尘似海，人情交织，在浮浮沉沉的人情社会，与人交往是不可避免的，世界上的一切事物都被包裹在矛盾之中不断前进，所以只要与人交往就会存在矛盾。正如黑格尔说过的，存在就是合理的。面对生活中的矛盾，不要逃避和彷徨，用强大的内心去面对，淡定从容地行走在人世间，打败弱小的自己，释放强大的自己。内心强大不是强势，强势是一把锋利的利剑，容易伤害到他人，而强大是一面城墙，可以抵挡外界的肮脏和不堪。面对世俗，强大中裹挟温柔，柔情中包含坚韧，柔中带刚，低调内敛，行走人间。

第二，接纳不美好。世界有很多阴暗和泥淖，但我们仍然要沉浮于红尘。潘多拉打开魔盒那一刻，阴暗伴随着美好一起跳出，海子曾说："你来一趟人间，一定要看看太阳。"就算世间有很多不美好，但我们仍活在这个世上，就要勇敢面对。用开怀的态度去接纳不美好，无视肮脏和龌龊，内心向阳，不被肮脏所染，让自己尽快强大起来，尽自己所能去改善那些不美好。海纳百川，有容乃大。著名影星奥黛丽·赫本和安吉丽娜·朱莉看到非洲被穷困、疾病、饥荒缠绕，身体力行前往非洲，竭尽所能改善他们的生活现状，得到世人赞誉。

第三，心怀梦想，内心美好。人活在世间，不可缺少的是梦想。如果没有了梦想，人就没有了活力。梦想是内心的明灯，照亮我们追逐的脚步。如高晓松所言："生活不止眼前的苟且，还有诗歌和远方。"生活固然有很多不美好，但是我们可以无视那些阴暗，怀揣美好的梦想，单纯安然地、带着美妙的诗歌上路，追寻遥远美好的远方。单纯但不世故，通情达理但不阴险狡诈，在人生道路上怀揣着梦想一路向前。

第四，控制自己的情绪。情绪是人对外界事物的反应，我们无法控制外界的世态变化，但是我们可以控制自己的情绪。掌控好自己的情绪，就掌控住了自己的人生。面对人世沧桑，荣誉或者磨难，要坚强以对，不害怕不慌张，不狂喜不消沉，才是应有的态度。

第五，增强自身的实力。人无完人，金无足赤。每个人都是优点和缺点的混合体，我们应从内心深处接纳不完美的自己，面对缺点，有针对性地去改善和提高。读一些心理学和人际交往方面的书籍，如张德芬的《遇见未知的自己》《遇见心想事成的自己》，提高内在修养，不断修炼，做更加完美的自己。

第六，返璞归真。生活多喧嚣烦扰，要静下心来，返璞归真。挑选一个山清水秀的地方涤荡心灵，听从心灵深处的声音，放慢生活的脚步，追寻内心的想法，思考自己获得了什么，失去了什么，净化心灵，享受安静。人生不是一场秀，是活给自己的，而不是给他人看的，铅华褪去，做自己喜欢的事情，追随自己内心的的宁静。

静水深流，不矫揉造作，心怀美好，洞察人世间的黑暗和阴暗，不被世事所染，拂去浮躁，内心安然自得、快乐舒爽。沉心思考，淡定面对。幸福如人饮水，冷暖自知，世事纷扰，保持内心的真诚、强大和丰盈，认真面对生活，不依附他人，独立自主。遇到问题理性地去分析，敞开胸襟去接纳，不抱怨，就能如海水一样深流入天际，宁静自得，拥有长久的快乐和自由。

在潮起潮落的人生戏台上
举重若轻,击节而歌

人生如同一场旅行,会遇见各样的风景,或是山峦起伏、重峦叠嶂,或是风吹麦浪、水宁不兴。生活有顺境、舒适,也难免会有压力、痛苦。面对顺境和舒适,自然称心如意,面对压力和困境,有的人选择勇敢前行,有的人选择逃避。逃避是人的本能,可以让人短暂地脱离糟糕的现状,但是逃避并不能从本质上解决问题。怀揣勇敢上路,战胜自我、从容不迫,才能收获远方最美的风景。

淡定是一种气质和优雅。古人曰:"非淡泊无以明志,非宁静无以致远。"保持内心的淡定从容,遇事不慌张,从容拿起和自在放下,卸下压力和重担,才能活得潇洒,内心轻盈、自在。王映霞在经历过郁达夫极致的爱恋后,仍从容淡定,把生活安排得井井有条,让全家安然度过经济困难时期,把自己打扮得优雅得体,八十几岁时脸上却没有老年斑。岁月在她身上开出了悠然绽放、自得如风的花,将她装饰得优雅、美丽。

古人曰:"落花无言,人淡如菊。"从容淡定是一种气度和境界。从容淡定的女人如同一首小诗,清新悠然、明媚如阳。历经繁华后宠辱不惊,历经沧桑后沉着依然。淡定从容是一种人生态度更是一种人生智慧。它让女人沉淀优雅、独具魅力,它虽不敌岁月,但能让女人气质斐然、风姿绰约。无需鲜花和掌声,也能美丽动人。被称为

"不老女神"的赵雅芝年过花甲,却仍旧气质出众,跟同龄人比肩,竟年轻如妍,不觉老之将至。她的美丽和气质,离不开从容的心态,聪明积极的人生态度。

岁月和命运将女人雕刻成极美的花儿,高雅清淡、淡定如菊,那么女人该如何在世态变化、岁月更迭中保持内心的淡定和从容不迫,塑造气质,沉淀修养呢?

第一摆正心态。所谓心态,即内心对某件事的心理活动和想法。心态决定人的态度和行为。心态决定了女人的幸福感和生活的高度,丁格曾经说:"命运不是机遇,而是选择。"选择一种正确的心态面对生活,把握当下,从容自得,活出优雅的模样。当年张幼仪在被徐志摩冷暴力甚至抛弃的状态下,并没有放弃自我,自暴自弃。她摆正心态,远赴异国,开始独自一人的学习之旅。在生活压力下,她没有选择逃跑,反而从容面对,不断地学习,增长眼界,完成了自我修炼和自我成长。在面对压力和困难的时候,采取积极的人生态度。在内心深处保留一份超脱、一份淡然,跳出牛角尖,打破自我思维的局限性,看到远方光明的前景。

第二保持思想独立性。在是是非非前保持自己的判断力,永远坚持自我判断,不为他人的主观意见所干扰,不随从,不盲从。从容不迫地跟随内心的声音,追随自我的脚步,达到更高的精神境界,如陈寅恪所言:"独立之人格,自由之思想。"拥有主见和自我判断能力,从容不迫地追随内心,就能到达远方最美最远的风景。

第三学会放下。人生旅途有平途有坎坷,面对压力和痛苦,要学会放下。放下不是逃避,而是一种更高的人生境界。佛说:菩提本无树,明镜亦非台,本来无一物,何处惹尘埃。很多时候我们只是在自寻烦恼,与其自寻烦恼不如瞭望远方,珍惜当下。放下内心的不安与窘迫，怀揣淡定安然上路。博尔赫斯在《沙之书》中写道："人必须随时准备好放下些什么，比如爱情，比如成功，这样，生活才会更主动些。"适当地放下一些东西，才能以最美的姿态观看到人生最美的风景。

第四学会自信。自信是一个女人最美的武器。自信的女人永远最美丽、最淡定。萧伯纳曾说："有信心的人，可以化渺小为伟大，化平庸为神奇。"拥有自信、坚信自己的选择，才能从容不迫。自信不是自负和偏执，自信是在掌握知识、了解详情的情况下，不断地相信自我的力量，是一种阳光的人生态度。自信能让你保持内心的淡定和从容，不害怕、焦虑和质疑。

不断地修炼自我。学会坚定地相信自我，永远不做强势的傀儡，不被强势所压，保持自我的韧性和强大的心理素质，从容不迫。修炼自我的途径很多，读书是一个不错的选择。书籍是人类智慧的结晶，千百年来传道解惑生生不息。但是只读书不思考，也是无益。

看电影。现代电影类型丰富，挑选一些高质量的经典影片来观看，如《肖申克的救赎》《黑暗中的舞者》等。主题深刻的电影会给人以反思和启迪，如《肖申克的救赎》中男主人公虽身陷囹圄，但仍从容淡定、坚持自我，用智慧迎接生活，最终实现自我救赎。从电影中得到启发，提升自己的心理素质。

跟内心强大的人做朋友。情绪是会感染的，跟内心强大的人做朋友，学习别人的长处，观察内心强大的人的处事方法，揣摩其心理状态，提高心理素质，学会淡定处事。

主动去经历、磨砺自我。淡定的心态不是天生的，是在尘世中不断磨砺、积累、打磨出来的一种心态。人生的境遇犹如过山车，有高潮也有低谷，在低谷时，要不断地去磨砺自己，勇于尝试，总结所犯的错误，找到解决事情的方法，坚强地去面对一切。百岁老人杨绛经历过中年丧女、晚年丧夫，但她依然坦然面对生活，继续写作、坚持出版了数本著作，每天读书写作从不间断。她翻译的《唐·吉诃德》被公认是最优秀的翻译作品，她一生跌宕起伏，历经磨难，但她内心仍坚强、坦然，安然地度过了一生。

　　淡定是一种情绪，女人如果学会了淡定，就学会了掌控自己的情绪。掌控了自己的情绪就掌控了自己的人生。如果一个人拥有较强的自我掌控力，就知道自己要走哪条路，过怎样的生活。不管遇见什么样的情况，都会走得坦然、精彩，遇见远方最美的风景。

世界上没有原则，只有世故
没有法律，只有时势
高明的人懂世故时势，自由自在

知世故而不世故，是最善良、成熟的人生哲学，这种人生哲学要伴随女人一生。成熟的女人如开得旺盛的鲜花，鲜艳得体，却不张扬，她们身上流露出的人生智慧足以让人用一辈子的时间去体会、欣赏。她们用这种人生智慧行走在人世间，收获了人生的美好。

人活在世间，要学会珍惜身边的一切，才能在平淡的生活中体味到人生智慧，学会处世的道理，获得内心的成熟和美好。

在日常生活中，做一个聪明的人，观察周围事物，知晓人情世故，通晓生活道理，聪明但不世故，心思恬淡，放松心情，安静、优雅、自若地面对这个世界。

我们生活在大千世界，被世俗拖累，但我们不应该变得市侩不堪，而应把持住内心的纯洁、善良、积极、乐观、从容地面对整个世界。培养自己入世却不世故的心态。

知世故却不世故是一种高超的人生境界，是一种看山是山、看水是水的人生意境。在经历了世间沧桑，洞察了人间的一切，积累了厚重的人生经验却不自恃清高、引以为傲，仍保持返璞归真的人生态度，透彻地领悟"世事一场大梦，人生几度秋凉"。

知世故却不世故是一种修养，为女人提供了正确的人生道路和前进方向。那么我们怎样做到知世故而不世故，聪明地应对周遭发生的一切呢？

第一，遵循说话的艺术，学会看透不说透。看透不说透是一种高尚的人生智慧。我们行走于人世间，会经历很多事情，我们的头脑可能很聪明，眼神可能很犀利，可以透过现象看穿本质，能够看穿一些事情，但是在面对这种处境的时候，学会看透不说透，不点破真相，给对方留有一丝底线。如同中国山水画讲究留白，说话时注意留有余地，是一种人生智慧和哲学，指引我们前进，帮助我们建立更好的人际关系，更和谐地与周围的人和事相处，平衡自我和外界的关系，保持愉悦的心情。

了解说话的艺术，但不把话语当做武器，肆意攻击别人，就是知世故而不世故。语言是一种力量，它能成事，也能损害彼此的关系，造成糟糕的局面。我们只有正确地使用语言的力量，懂得说话的技巧但不乱用，才能聪明地与他人周旋，与外界和谐共处。

第二，坚持做自己。在尘世浮沉中，坚守自我。每天都为自己而活，不以他人的喜怒哀乐作为评判自己的标准。懂得人情世故，但内心依旧纯洁、善良，坚守本真的自我。女人可以活得像白开水一样，纯净向上、温柔坚强、美好温暖。如张爱玲所说："只有乡间那种小雏菊，开得不事张扬，谢得也含蓄无声。它的凋谢不是风暴，说来就来，它只是依然安静温暖地依偎在花托上，一点点地消瘦，一点点地憔悴，然后不露痕迹地在冬的萧瑟里，和整个季节一起老去。"

浮世迷乱，我们只有保持最本质、最纯真的自我，才能乐观向上不在社会中迷失自我。保持内心对梦想的执着和坚定，带着发现的眼光去生活，善于发现生活中的真善美和人性中的美好，总结生活经验，通晓人情世故，但内心依旧保持美好和纯净。

不管生活怎样，保持内心的坚持和底线，不轻易妥协，知道自己行事的本意、自我实现的道义，才能温柔面世，坚持做自己。

第三，懂得因果循环。佛说世间的一切事物都是因果循环。人行走在世间，想获得什么样的果就要种下什么样的因。福泽祸患就隐藏在因果中，懂得这种因果循环的道理，才能更有力量地前行。我们只有坚守内心的道德底线，遵循生活本身的道理，方能不破坏世间因果，安然行走于世间。

适当地学习佛经。佛经中蕴含着很多人生道理和生活哲学，认真学习佛经，可以有效地修正自己的世界观，提高自己的文化内涵，改善待人接物的方式。学习佛经一般都从抄写佛经开始，入门佛经推荐《金刚经》和《心经》，抄写经文的过程也是练字的过程，手中写下的是字的笔画、架构，心中体悟到的是智慧和道义。

练习书法。练习书法前先了解文字的历史和演变进程。中国文字有着几千年的历史，从最初的甲骨文进化到现代简体字，它兼容并蓄，曲折发展，蕴含了深刻的道理。从文字中体悟历史，吸取智慧的精华。

抄写古诗、佛经练习书法，从文字的笔画中慢慢领悟字体的组成依靠笔画的积累，深刻懂得人生因果循环的道理。提升自己的人格魅力，升华自己的人生。

第四，淡定应对。面对生活中的困难处境，坚强面对、淡定迎接。人生难免会遭遇挫折，用强大的内心和坚决的态度去解决困难，而不是逃避。逃避并不能从本质上解决问题，只会让问题永远存在，只有练就一颗强大的内心，才能淡定自如地应对尘世间的一切纷扰和难题。

我们本是世间的一个过客，来去皆匆匆。人世沉浮，遇到不利的情况，学着聪明应对，给自己戴上淡定、沉着、冷静的面具。对于逆境或自己不愿面对的事物，嫣然一笑，泰然自若，付之脑后。

　　做到以上几条，我们就可以在尘世中行走自如却不世俗。行走在人世间，难免被世俗所沾染，但是我们可以运用强大的内心和淡定的心境和聪明智慧的态度去面对这一切，收获一个更加完美、幸福的自己。

让别人去说吧
只要自己知道自己做的对而且好就可以了

红尘袅袅，人世沉浮，就会有百般历练，面对纷繁世事，依附于自己的内心，修炼一颗强大的内心，保持内心真诚、独立和自我坚强，相信生活永远是最好的安排，用积极的态度迎接生活中的一切，修炼坚强、强大的内心，用强大的心态去打败一切肮脏、龌龊，对抗生活中的压力。

内心强大是一种看透了生活的真相后依然热爱生活的英雄主义。尽管我们生活在泥淖里，仍不要忘记抬头仰望星空。用热爱生活、诚以待人的英雄主义去打败生活中的抑郁和不安，做生活中的强者，培养自己强大的心理素质。拥有了良好的心理状态，就拥有了优质的生活状态。

内心强大是学会与自己相处，是与世界和解的一种方式。世界纷繁复杂，如何在外界变化中找到自己的生存法则，不受外界的干扰，时时跟随内心的旋律，步步优雅？做一个内心强大的女子，不依附于任何人，勇于面对纷乱事态，用保护自我的方式达成与世界的和解。正如美国心理学家维琴尼亚·萨提亚说："真正内心的强大，不是我们把自己藏得多深，而是勇于去探索、面对内心的阴暗面。"面对生活中的阴暗，不卑不亢，勇敢面对，最终捍卫自己的主权，收获幸福。新文化运动倡导者胡适的妻子江冬秀在丈夫出轨时，没有隐忍度日，反而勇敢地选择用泼辣、直接的方式捍卫自己的爱情，她将胡适出轨的情书在大庭广众之下声情并茂地表演了一遍，从此胡适再也不敢出轨。在婚姻生活中，江冬秀直面自己厌恶的东西，依靠强大的内心，用勇气做武器，解决了婚姻问题，达成了与胡适的和解。

内心强大是一种优雅，是一种智慧的处世哲学。生活中拥有强大的心理状态、积极的人生态度、从容不迫的处事风格和优雅的人格魅力，就能淡定自如地面对生活中的一切。内心强大是一种生活智慧，生活中与人有矛盾或者争论时，学会不与人争辩的冷处理，从容面对生活中的负能量。著名演艺明星范冰冰曾说过："我经得起多少赞美，就能承受住多少诋毁。"范冰冰身处娱乐圈，绯闻时常满天飞，她承担的压力异于常人，但她并没有在他人的诋毁中示弱、倒下，而是选择以强克强，淡定回击，顺利地度过了困难时期，现在的范冰冰优雅至极，收获了影后的荣誉和甜蜜的爱情。

内心强大是一种自我修养。提高自我修养，培养内在气质，需选择正确的方法才能收获完美的结果。气质培养是一条漫漫长路，永无止境。在修练强大的内心前，先充分了解自我，经历一个自我认知的过程，充分了解自己性格的优缺点，面对压力的表现是弱小还是强大，并分析原因，找出问题的解决方法。以下列举几条操作性较强的方法。

第一，学会无视。生活中遇见挫折、困境、压力，难免会产生挫败感、焦虑感和恐惧心理。面对无法改变的外界状况，与其苦苦挣扎、抱怨自己所处的环境，不如冷静下来，梳理事情的发展走向，如果确实犯了错误，也不必过度自责，想出对策、努力改正。若是没有犯错，则无须恐慌、害怕别人的斥责，学会无视、漠视生活中的负能量，内心保持正确的判断，坚持原则，安然自得。无视是一种较高的人生境界，想要修练到这种境界，可学习孔子提出的中庸之道。中庸之道在于看问题不偏不倚，不偏激，保持中立。

第二，学会接纳，用宽容的态度对待生活。在纷繁复杂的大千世界，难免会碰见与自己格格不入的人和事。此时，用宽容的心态去接纳，淡定从容面对，会收获更多幸福。海纳百川，有容乃大，用大海一样的胸怀去包容世事，用智慧的人生态度去解决问题，保持内心强大。

第三，学会情绪管理。经历了压力、困境之后，要整理情绪，自我调整，走出阴暗。

可以寻找一个对象倾诉内心想法、购买网络上流行的宣泄玩具宣泄负面情绪、选择运动或活动适当地转移自己的注意力，防止负面情绪的泛化、蔓延。情绪管理也有如下几种方法。

一是在时间和金钱富足的情况下，进行一场说走就走的旅行。旅游有助于舒缓焦躁的情绪，解放身心，调整心态，增加积极、乐观的情绪。仁者乐山、智者乐水，看太阳破晓而出，看落日缓缓而落，山水总能给人带来无穷的乐趣，有助于转移注意力，修复负面情绪让内心平静。

二是不断地学习、读书。读书使人神经放松，在此过程中开发新的兴趣点，提高内在修养，培养气质。随着修养层次的增加，思想更加丰盈，看待问题的角度会发生转变，处事的态度也会改变，人会变得越来越强大。读书和学习是内省、反思的过程，使内心更加充实，焦虑情绪得到改善。

三是不断地观察、经历、体验，总结经验。在生活中保持与人交往，扩大社交面，在社交中完成自我认知。当你的经历增加，并从经历的事情中提炼、总结应对方法，改变弱势心理，提高心理素质，就能塑造强大的内心。

现代社会人们都离不开人际交往，在人际交往中，需要强大的内心来抵抗生活压力和负面情绪，才能拥有良好的人际关系。内心强大是一种精神境界和胸怀，让人在社交中收获更多友谊和尊重。

真正的内心强大是坚强地面对一切。若受到压力或者攻击，学会适当反击，让自己处于优势地位，不断增强自己的心理素质，改善沟通方式，打破交往中的僵局，获得内心的满足。保持积极向上的情绪，相信现在的一切都是生活做好的安排，勇敢地面对人生。

人的一生都在和自己做斗争。做一个内心强大的人，就是不甘被欺辱，勇于对抗内心的弱小、焦躁，并将其打败。做生活中的强者，就能收获生活的馈赠，历经万千，当生活中所有的问题都有了答案，再回首时就会发现，之前面对的所有障碍和考验，不过是一段宝贵的人生经历，而那段经历使你的内心变得强大。

充满鲜花的世界到底在哪里
如果它真的存在那我一定就在那里

　　现代社会发展如此之快，快到我们眨眼之间世界就被改变了。世事变化万千，阴暗或者明媚，唯一不变的只有我们。在事态变化面前，在纷繁的生活中，我们应保持内心的单纯、好奇和美好，对世界充满热情，对生活充满热爱。做一朵破水而出的莲花，在清风中娴静淡然、摇曳生姿。

　　做一个单纯的女人，单纯的女人心思善良、内心美好，用孩童般纯洁、干净的心态去面对世界。单纯不是傻，而是想法简单、不复杂、不世故，单纯的女人如同一株百合，暗香悠悠，纯白如雪，让人一眼看透又心生喜爱。面对纷繁复杂的世界，应该怎样保持内心单纯呢？首先，善于发现生活中的美，带着发现的眼光去生活，用美好、积极的心态去面对滚滚红尘，用简单的心态去审视世界，用单纯战胜复杂。其次，学会珍惜生活中的一些小美好、小幸福，生活中有很多美好的瞬间，我们要善于用眼睛去发现，用笔尖和照片去记录、留念。并时常回味过去，提醒自己珍惜现在。最后，不要放弃梦想，坚持做梦，勇于做梦，心怀梦想并努力奋斗、脚踏实地。

　　拥有一颗赤子之心。赤子之心是用孩童般纯净的心灵去了解世界，用干净的心灵去感受世界、乐享生活。带着快乐的心情去生活，接受现实的不美好，享受现实中的美好，对得失不计较过多，宽容为怀，大度能容。对生活富于幻想，饱含深情和热爱，诗意地栖居在大地上。赤子之心是一种单纯入市、积极向上的生活态度，保持最原始的初心，坚持梦想，快乐上路。王国维曾说："赤子之心是一种崇高的单纯。"在繁华之中保持初心，带着梦想勇往直前。繁华世事中我们应该怎样保持赤子之心呢？去学习一门艺术，如绘画等，艺术家都是单纯、干净的，艺术可以激发人无限的热情和想象力，滋润内心，令人保持赤子之心。

热爱自己，鼓励自己。每个人都是一座花园，有无尽的宝藏，要热爱自己，积极向上；要了解自己、接纳自己的不完美。人终其一生都在做两件事，一件是不断地探索自己、和自己相处，另一件是不断地探索世界、与他人相处。了解自己是一个非常漫长、艰辛的过程。用智慧、肯定的眼光观察自己、发现自己，认同优点、热爱自己，永葆热情、自信满满地上路。努力改造缺点，如果改变不了，就接受现状，并时常自我鼓励、自我改善。女人应该怎样接纳自我、改善自我呢？首先，提高自信。自信的女人，让男人欣赏，克林顿曾经这样评价希拉里："我觉得她由内而外散发着一种力量，一种坚定和自信。"男人欣赏女人，才会尊重、重视、爱护她。要获得自信，可以在每天早起后，对着镜子夸赞自我，如我一定能完成今天的工作、我很棒等，或者对着镜子唱《我一见你就笑》，给自己积极的自我暗示，正面的心理建设，培养自信、乐观的心态。其次对自己微笑、对身边人微笑。对别人微笑就会收获别人的微笑，微笑让人心情愉悦，令人更加自信，最后保持强大的内心。对于自己的不完美，包容、乐观、宽容待之，若有人攻击自己的缺点，只需优雅、淡定地回应，不卑不亢，无所畏惧。

保持好奇心，对世界充满探索欲。以孩童般好奇、探求的视角去仰望天空、观察地上的蚂蚁成群、惊叹树上长满一片绿意。看落叶纷飞，暗香盈袖，保持好奇心才会有求知欲望。世界上任何一门艺术都起源于好奇，人因为有好奇心才会改变，牛顿因为有好奇心才探索出伟大的万有引力。拥有好奇心的女人更加单纯、自然，她们对世界有太多的未知和好奇。好奇心始于善于求知的内在动力和追求满足内心的愉悦感，我们可以选择外出旅游，充分接触未知的风景和世界，在漫漫旅途中探索，激发自己的好奇心。在生活中保持接纳而不盲从的态度，用自己的眼睛看世界，不被已知的规律束缚头脑。

保持思想独立，入世但不世故，不被尘世所染。思想独立是衡量一个女人成熟与否的标志。思想独立的女人，犹如一缕清风温柔拂面，她对事情更具判断力，不会被别人的观点所左右。不跟随他人的脚步，保持自己特有的节奏，拥有自己的思维模式。善良热情，懂一些人情世故，但仍单纯美好，不世故。拥有独立思想的前提是读大量的书籍，并不断地思考。阅读哲学类的书籍可以提高思维模式，增加思维活力。主动阅读人际关系类的书籍，知晓一些人情世故，明辨是非。

热爱世界，认真生活。泰戈尔曾在《飞鸟集》中说过："我们热爱这个世界时，才真正活在这个世界上。"对世界充满热爱，对生活充满热情，感恩生活中的美好，拥有感恩之心的人内心会更加快乐，更容易满足。培养自己积极的心态、心怀美好，约翰·梅纳德·凯恩斯曾说："一个美好的思想，能够改变人生的轨迹。"如果我们心地善良，充满亲和力，时常对别人微笑，就会收获一个美好的生活环境；生活中有很多美好的细节和事物，我们用心去感受、铭记，养成写日记的习惯，用纸质的日记本或日记类的手机APP来记录，培养自己挖掘事物优点的心态和眼光；学习低调做人，低调不张扬，优秀但不抢眼、不炫耀；热爱生活，浅笑嫣然，勇往直前；学会感恩，感恩父母将我们带领入人间，感恩那些挫折和磨难，让我们更强大，感恩生活，让我们内心更加美好，感恩世界，给我们提供了良好的生存环境。

卡耐基曾说过："热情，是世界上最大的财富，它的潜在价值远远超过金钱与权势。"有了热情，便会精力旺盛、全力以赴地迎接生命中的每一天，竭尽全力克服生命中的障碍，认真生活。奥黛丽·赫本晚年时十分关注弱势群体，并多次前往非洲等贫穷地区。她容貌不再，但内心充满了爱。充满热情、心存善念，用简单的思维、单纯的心态面对花花世界，高歌轻语、轻装上阵，就能看到生活独特的美。

但愿每次回忆
都不感到负疚

对人而言，除了自己以外的一切都是外物，人活着的意义就是完善自我，追寻外界的道理、规律。人只要生活在社会中，就会与周边的人沟通、交流，与外界打交道。立足社会，最重要的是认清自己的能力和外界的形式变化，找到属于自己的位置，发挥自己的价值。

自知之明不是独上高楼望断天涯路，而是独立于天地间的清醒、远瞻的人生境界。有自知之明的人清醒、客观，能够准确判断形势，悉知外界变化规律，知道该怎样做出选择，准确找出自己所处的位置，清晰人生道路的前进方向，在合适的位置上，才能发挥自己的价值。

与不自量力的女人相比，男人往往更喜欢有自知之明的女人。有自知之明的女人更加聪明、勇敢，她们能透过问题看见本质，一针见血；她们不断地改善、提高自己，把自己塑造成一个更加美好、积极向上的人，让人心生向往；她们善于判断形势，审时度势，细心观察周围的环境，分析利弊，给自己准确定位，规划好适合自己发展的方向；在万千变化中，她们慧眼独具，清楚自己所在的位置，懂得把自己放在合适的位置；她们具有很强的克制力，能够控制自己的情绪，把最好的一面展示给别人；她们知道在什么时间做什么事，如何做出选择，懂得自我规划，合理安排自己的人生。

有自知之明就是了解自己、正确认识自己。人生在世为达到内外和谐一致而终生不懈地努力。为了内外的和谐，人首先得了解自己。了解自己是古今中外的哲学家终其一生都在追问的话题。想要彻底了解自己需先观察自己的言谈举止、谈吐风采、为人处世和内在修养，对于不完美的地方加以改进。培养更加优雅的言谈举止和谈吐风采可以多读书，从书中获取智慧和经验；提高为人处世的技巧、增加内在修养可在日常生活中不断实践、提炼、总结和归纳，使自己的人生得到升华。全面观察自己是认识自己的基础，只有认识自己，才能明确自己的发展方向，找到适合自己的位置。

学会发现自己的长处。发现自己是一个非常漫长的过程，首先，在日常生活和与人交往中，保持自信、积极的心态，慢慢地就会发现自己的优势；其次，请一个跟你关系不错的朋友对你进行客观、中肯的评价，了解朋友眼中的自己，记录下朋友的评价，对缺点和不足进行改正，将优势发扬光大；最后，生活中每发生一件事，你周围的人都会对它产生自己的观点和看法，收集大家的观点和看法，将大家的言行与自己的言行进行对比、分析，发现自己在思维、言行等方面的优势。发现自己的优势和长处，增加自己的竞争力，帮助自己定位，找到合适的发展方向。

人行走于社会，一定要带上眼睛、耳朵和大脑。带上眼睛就是善于观察，用自己的眼睛去发现，观察周围的人情世故和事态进展；带上耳朵就是要听取别人的意见和建议，改进自己的不足；带上大脑就是勤于思考，不断地反思和总结，认清自己的处境和位置。

精神独立、思想独立，不迷茫。对自己有长远持久的计划和打算，明确自己的目标，对周围的事物保持自己的判断力和决断力，不盲目听从他人的结论。清楚自己所处的处置，保持清醒的头脑，了解自己所要做的选择，并对自己的选择负责。

认清周边环境和形势。首先应学会做生活中的有心人，善于观察周边的形势和环境变化，并及时做出反应。其次，多思考变化的原因，善于归纳总结，透过现象看到本质，用思想指导自己的行为。最后，保持理智的头脑，做一个有主见的女人，不为他人的思想左右，留心身边有主见的人，观察他们的处事方式和思维方式，试着向他们学习；相信自己的判断和能力，对自己进行积极的心理暗示；尝试着学一些心理学，用心理学的观点去分析、解释人的行为和言论，让自己的生活更加幸福、快乐；试着去看互联网上的大学公开课，培养自己的思维模式，提高自己的逻辑能力。

做一个有主见的女人。所谓主见是建立在一定的知识和经历上的，所以通过认真学习，不断提高自己的能力，拓展自己的眼界，形成有主见、善于思考的习惯。学习的意义在于获取知识，认清自己的实力，让自己变得更加有主见。阅读名人传记如《假如给我三天光明》等，阅读历史类书籍纵观人生百态，学习人生智慧，拓展自己的世界观和人生观，用前人的力量帮助自己前行，让自己的人生更有分量。一个有主见的人可以对周围事态做出灵敏的反应，也能够主动出击，精准地找到属于自己的位置，使自己的人生之路走得更加顺畅。

不管是在生活、爱情还是工作中，都要做一个有自知之明的女人，找准属于自己的位置。只有这样，才能充分发挥自己的价值，最终收获幸福。有自知之明的女人，对于自我有一定的认知，勇于坚守属于自己的岗位，做自己该做的事，自然而然地发挥出自己身上的光和热。坚守自我、不临阵脱逃，敢于承担属于自己的责任，会拥有较高的幸福感。

嘴里说不想的时候
心里却装一个无法拥有的

人生如海，起伏无形，社会之大，无边无境，人生如同一场冒险，充满了挑战和刺激。现代社会充满了美好的风景也充满了诱惑的陷阱，我们只要活在人世间就会遇见一些事，面对一些处境，或是正面的，或是负面的。面对强势、压力，选择坚强面对，敢于捍卫和努力保护属于自己的；面对陷阱和诱惑，学会自觉克制，知道如何经得起外界的诱惑。不管面对怎样的人生处境，都需要强大的自制力来控制自己，人如果控制住了自己，就掌握了人生。克制力是一种积极向上的力量，如同明亮的火光，深藏在我们内心深处，引导着我们奔向成功之路。它时而忽明忽暗，时而光芒四射，充分挖掘它的价值，利用它的光芒，我们就可以成就一番事业。

美国心理学家威廉·詹姆斯说过："行动好像是跟着感觉走的，其实行动与感觉是并行的，谁能以意志力控制行动，也就能间接控制感觉。"当你陷入被强势压迫的时候，不要害怕、慌张，凭借内心强大的意志力和克制力跨越眼前的障碍，捍卫自己的尊严，做人生的强者。强大的克制力能够改变人的心态，心态的改变就会导致行为的改变。

所谓心态，即我们面对周围事物时反应出的心理状态，把握住自己的心态，就是把握住了内心的克制力。积极向上的心态对人有促进作用，不管面对何种挫折和困难，保持坚韧不拔的心态和坚持不退缩的精神，就能获得成功。

万事开头难。面对自己从未遇到过的难题，不必退缩，有些事没你想的那么难。万事万物皆有规律，寻找规律的过程是痛苦的，但是找到它的喜悦是巨大的。在日常生活中，我们常以一种惯性思维去思考问题，导致简单问题复杂化，只要换一种思维方式和角度，分析问题产生的原因，按部就班、一步步地思考，问题就能顺利地解决。

克制住自己的坏脾气和负面情绪，完全掌控自己的情绪，做自己情绪的主人。什么叫情绪管理呢？村上春树给出了完美的解释："你要做一个不动声色的大人了，不许情绪化，不许偷偷想念，不许回头看，去过自己的生活……不是所有的鱼都会生活在同一片大海里。"现实生活中任何人都会遇见困难，用一种理性克制的态度去克服困难，以强大的意志力去解决问题。既然无法改变客观环境，那就改变自己，适应环境。

保持不卑不亢的心态。不卑不亢是一种傲人的风骨，既不卑微也不高傲，捍卫属于自己的尊严，展示独立骄傲的风采。民国时期的另一位陆小曼，在一次聚会上看到洋人用烟头去烫中国小孩手中的气球，中国小孩被吓得惊叫，洋人就嘲笑中国小孩胆小，陆小曼立马冲进一群外国小孩中间，用手中的香烟戳他们手中的气球，外国小孩也立马哭了起来，她说："看来外国小孩的胆子也不大。"洋人沉默不语。面对洋人的刁难，陆小曼迎难而上，不卑不亢，为自己的国家赢得了尊严。

克制力强的女人总是有独特的风采和魅力，风格傲骨，独立于芸芸众生之中。经过岁月的洗礼，散发出醉人的清香。

现实生活中，在很多情况下，我们不仅需要用强大的自制力来维护自己的尊严，还需勇于拒绝诱惑。有很多事情或者状况看似有利可图，令人无法抗拒，却有可能隐藏了陷阱。面对诱惑，我们应该怎样洁身自好，不为所动呢？

对于诱惑，我们应该保持警惕性，提高自制力，时刻保持头脑清醒、理性应对。诱惑之所以充满引诱性，是因为它诱人的表面能给人带来短暂的快乐，而人类恰巧有爱享乐的本性，导致人类优先享受快乐的一面，而无视诱惑表象下的陷阱。抵制诱惑需要面前保持较高的自制力，提高警惕性，避免落入陷阱。自制力的提高可从以下几个方面入手。

第一，将目光放得长远些，放弃眼前的蝇头小利和短暂的诱惑，保持一定的自我定力，拒绝诱惑的吸引。

第二，无功不受禄，坚信一分耕耘一分收获，无故不接受别人的利益好处。面对诱惑，保持冷静和淡定。

第三，坚守底线和原则。在诱惑面前，坚守自己的底线，不为诱惑推翻自己的原则，勇于对诱惑说不。

第四，自强自立、强大自我。自我强大是一种优雅的生活态度，对女人而言，自我强大不仅是内心强大，还需外在的强大。时常思考、分析外界的诱惑等人生负能量，遇到诱惑时自动净化、排除杂念，自觉抵制诱惑。

第五，跟不同的人交朋友，积累人生经验。广结朋友，互相交流经验，拓展人生经验，学习人生智慧，从别人的经验中汲取教训，开阔眼界。跟层次水平比你高的人交朋友，迷茫的时候请朋友指点迷津，使人生之路走得更加平稳、顺利。

保持坚强的克制力、持久的耐心和高度的自制，学会在人生各种处境中坚守内心，身处泥淖不怨恨、在繁华中不迷失。拥有坚持到底、内心强大、从容不迫、心态平和的品质，以平和的心态取得最终的胜利，使人生之路走得更加淡定、更加智慧、更加坚定。

| 第三章 |

你可以说我高冷，
但请别夸我萌

富贵必从勤苦得
把知识当做生活的调味剂

漫漫人生，何其精彩，人生是一场不知疲倦的旅程，在旅程中想要看到更高、更美的风景，就需要不断地学习。世间的大多数人都对成功和辉煌充满了渴望和希冀、幻想和憧憬，梦想自己长出智慧的翅膀，乘风破浪，穿越迷惘，到达更高的境界，实现计划已久梦想。但是梦想的实现并不是一蹴而就的，需用心学习知识、积累经验，用知识武装头脑，付出大量的时间和精力。

学习是一种智慧，它可以拓宽生命的宽度，增加人生的厚度，让人站在更高的层次上，看得更远。人的一生是不断学习的一生，主动地或者无意间，都在接受外界的教化。人的基本属性是社会性，人在社会中学习知识和经验。知识让人变得更加内涵丰富、气质卓越，同时也能拓宽人的眼界，去探索未知世界。对于人类来说，学习知识的重要性不言而喻。人类用知识武装自己，探索未知的事物。知识是人类头脑智慧的结晶，它历经长久的沉淀、更迭、优化，成为人类最强大的、最锋利的武器。世间有很多事物都是人类知识的物化，它被人类所利用，也改变了人类社会。

知识让女人变得内涵丰富、富有修养。女人可以不漂亮，但是可以学习知识培养知性的气质，塑造良好的形象。一个女人如果拥有知识会更加美丽和知性。卡耐基曾说："有这样一种女人，她们聪明慧黠，人情练达，超越了一般女孩子的稚嫩，也迥异于女强人的咄咄逼人，她们在不经意间，流露着柔和知性的魅力。"知性的女人犹如一棵幽幽兰花，芳香淡雅，四溢而出，娴静悠然，清新脱俗。在电影《哈利·波特》中饰演赫敏的女演员艾玛·沃特森，她在6岁到20岁之间的大部分时间都在拍摄《哈利·波特》系列电影，几乎没有时间去上学，但是天资聪颖的她，在拍电影期间充分发挥自我主动性，善于利用时间学习，同时被剑桥大学、牛津大学和美国布朗大学三所世界著名大学录取。如今在慈善晚会、电影节红毯和高级时装周都能看到她的身影，优雅至极、摇曳生辉，她用实际行动告诉我们，拥有了丰富的知识、优雅的内涵就拥有了淡定若笃的大气，竹在胸口的风骨。

学习知识前，先找到自己的兴趣点。知识系统如此庞大，找到自己喜欢的知识方向，才能激发学习兴趣。兴趣是最好的引路人，怀揣兴趣上路，为学习找到切入点和方向。寻找学习兴趣可从以下两步着手。第一步在纸上列出自己最喜欢的几个项目，比如音乐、阅读、运动、外语等。第二步将已列出的项目细化，如音乐可细化为钢琴、吉他等；阅读可细化为阅读清单——经典名著、悬疑小说、心理学；运动可细化为跑步半小时、仰卧起坐5组（50个）；外语可细化成日语、英语等。

切勿空谈，勇于实践。规划好方向后，制定学习计划表格和奖惩标准，并严格按照表格来实施。表格实施周期为一星期，横向分为日期、项目、实施情况，留出七行，列出每天要做的事项，严格按照表格来实施，如果完成了当天的任务，就打勾，如果没有完成，就注明原因。一周循环结束后，结算完成情况，根据奖惩标准执行奖惩，邀请第二个人加入，对惩罚情况进行监督。如超过四个勾的话，就给予一定的物质或精神上的奖励，比如买一样自己早就想买却没买的东西；没超过就进行物质或者精神上惩罚，比如请监督人吃饭等。通过以上的方法，提高执行率。

学会时间管理，善于利用时间。时间是最好的见证人。认真规划、合理运用，能够给人带来意想不到的改变。拿出一张白纸，在纸上写出两列，一列为时间段，以小时为单位，另一列是活动内容。标出高效利用和浪费的时间，计算总时长，规定一个有效时间，如两个小时，集中精力将要完成的事项在两个小时内完成，提高效率。其余时间看情况酌情分配，每天抽出两个时段执行学习表格。

结交志同道合之人或良师益友。学习是一件非常孤独的事情，需要专注投入、认真执行和长期坚持，结交志同道合之人一同上路，共同进步、互相监督，提高效率。结识良师益友，给予自己指导帮助，批评指点，帮助自己更快地进步。

坚持做笔记，以反馈、总结所接收的信息。好记性不如烂笔头，将所学的内容倾注在笔端、纸上，用红笔、黑笔标出重点和非重点，便于复习，提高有效信息的转化率。

利用APP来学习。善于利用APP来学习可以非常有效地利用闲散时间和碎片时间。阅读类的软件推荐书香云集、藏书馆、网易云阅读、简书等，语言类的推荐网易云课堂、可可英语、书链等，运动类的推荐乐动力、悦跑圈等。

学会坚持和专注。坚持和专注是成功的保障和基石。水滴石穿非一日之功，卡耐基曾说过："生活并不会停留在那等候每一个人，你的生活永远都不会太晚，生活之路就在你的面前，你的脚下。"坚持正循环和好习惯，必将成功。

除了学习知识，还要学习社会经验、人生经验。社会经验能转化成一种内在修为，沉淀为个人气质。社会是一所最好的学校，人于世，每天都和社会中的各种各样的人打交道，只要你肯认真观察生活，从人际交往中获取经验，总结人生经验和智慧，就能提高自己的处世能力，提高内在修养。

不断地学习知识，用知识武装自己，学习为人处世的能力，增加内在修养，细心观察，敢于质疑，勇敢实践，跳出原先狭隘的世界观，让思想境界从荒芜走向华丽，升华人生、成就自我。

三高女人的通行证

现代社会，学历是一张通行证，它能让我们得到更好的工作机会，获得更高的职位，获得更高的荣誉。拥有高学历的女人，如同拥有了光环，光彩夺目。

学历是对女人拥有的知识的判定。学历代表了一个女人接受教育的程度和知识的多少。知性的女人相比只有外貌的女人更加有魅力。著名艺人林志玲，不仅拥有美貌和身高，也拥有较高的学历和修养，她同时取得了名校多伦多大学西洋美术史和经济学两个学位。

她的优雅和美丽是从骨子里透出来的，让人乐于接受的美。

不管学历的高低，都要努力奋斗。卡耐基曾说："再微小的努力，都会让自己的人生过得更精彩一点。"努力奋斗的意义超过了学历本身，努力奋斗是一种精神气质，经过努力奋斗取得成功的女人，身上就会有一种经过岁月洗礼的美和优雅。民国时期被称作"南唐北陆"的上海唐瑛，是旧上海的流行风向标，在剧院用英文表演戏剧，风光无限。可是在风光无限的背后，是她对自己的严格要求。从小熟读诗书，学习礼仪、音乐等课程，甚至每天三餐的进食量都有严格标准，坚持到老，仍然风姿绰约，她付出的努力亦非常人能比。

我们通过学习去获取知识，换取学历，取得更好生活的通行证。人生本就是一场磨难，我们来到人间，就需要通过努力学习、积极奋斗,去换取成功,完成梦想。专栏女作家桃乐丝·迪克斯曾说:"我比谁都相信努力奋斗的意义,甚至懂得焦虑和失望的意义。我不会伤感,不为昔日的烦恼流泪。生活的艰难,让我彻底接触到了生活的方方面面。"努力奋斗带给我们的意义远远超过了生活本身,它成为刺激我们向上的精神力量,永远激励着我们。

高学历能够带给我们幸福。追求高学历的女人往往有着较高的智商和较高的学习能力。智商和能力不仅在学习中起到重要的作用,在日常生活中,我们若拥有了这两样东西,生活也会更加美好。高智商和较高的学习能力在任何社会活动中都起着重要作用,拥有较高智商的女人,相处起来让人更加愉悦、舒心,会尽量减少人际交往的矛盾。她们用一种智慧的态度去生活,去面对生活中难题。她们在岁月的打磨中越发优雅和充满智慧。

追求高学历,不仅仅是在追求学历,更是在追求一种极致的优雅和智慧乐观、积极向上的生活态度。生活态度决定人生的高度,它让我们变得更美。

我们应该用什么样的方法去追求学历和智慧呢?以下提供几种方法仅供参考。

严格要求自己,设立目标,不断追求。设立远大的目标,内心拥有美好的梦想。拥有了美好的梦想就有了奋斗的目标和动力,虽然我们无法选择出身,但是我们可以坚持自己的梦想,取得辉煌的成就。

注重学习方法。学习方法是在学习实践过程中总结出来的方法,掌握了学习方法就能有效地提高学习效率,增加知识的转化率,对成绩的提高有显著的效果。想掌握学习方法,首先要学会合理规划学习时间,了解自己效率高、低的时段,将需要高效完成的任务集中在两个小时之内完成。其次,利用手机APP学习,如网易云课堂,专门提供TED翻译视频和国内外大学公开课视频，充分利用碎片时间或专门腾出晚上的时间来学习。最后，加入学习类的微信朋友圈，打卡、互相监督，提高学习效率。

注重餐补。摄入适量的脂肪、蛋白质、钙、镁等元素可以有效提高记忆力。首先保证蛋白质和脂肪的充足供给，蛋白质摄入不足，会导致大脑蛋白质减少，记忆力减退。早餐可搭配牛奶、鸡蛋、豆浆、豆腐脑等，午、晚餐可搭配鱼、牛肉、鸡、豆腐等。另外，一日三餐不要过饱。饱食会使血液过久地存于胃肠道，造成大脑缺血缺氧，妨碍脑细胞发育，导致大脑反应迟钝、记忆力下降、思维不敏捷。还要注重荤素搭配，经常素食，会导致脂肪摄取量降低。脂肪是大脑的重要组成部分，摄入适量的脂肪，能提高记忆力。因此注重荤素搭配，多吃肉类、豆制品食物，有助于提高学习能力。

外出旅游开拓眼界，寻找学习的动力。电影《天堂电影院》中有一句非常有名的台词："在这里生活久了，会以为这里就是全世界。"在一个地方生活、工作久了，人就会按照某一个固定的机制来活动、运转，被外物所累，忘记了梦想和奋斗。这时候如果外出旅游，到一个全新的地方，看一些不一样的风景和人，就会产生差距感，激活你奋斗、努力的动力，增加学习的动机。

注重积累经验。世间所有的事物运转规律都是相同的，经验都是相通的。我们只有不断地从生活、学习的实践活动中总结经验，才能更好地指导实践。人生的每一步都要靠经验来指导，才能走得更踏实。

以上提及的几种方法可以增加学习动机、提高学习效率，如果你仍然在职，打算继续深造，可以在网络上找到学校的招生时间、要求、考试时间等信息，参照这些标准努力学习，向它靠拢。网络上有一句话流传很广："仰望星空，脚踏实地。"我们虽然行走在广袤的大地上，但心中仍存梦想，抬头仰望星空，然后更加脚踏实地，务实奋斗才能成为像林志玲、艾玛·沃特森一样高学历、高智商、高颜值的女子。

如此贴心又暖心
教人如何不想她

教养一词在《现代汉语词典》上有两种解释，一是指教育培训，如教养子女；另一个意思指一般的文化和品德修养。我们这里说的教养指的后者，是人通过自己领悟学习或学校、家庭和社会教育和影响的道德修养、行为举止等。从一个人的幼年开始，父母、家庭、学校及社会就应该让他明白最基本的"是"与"非"的标准，让他懂得尊老爱幼、孝顺父母，懂得基本的事理和常识。教养，是一个人内在的良好品格修养，且映射于外在的优雅和从容之美，能让一个人的灵魂从骨子里飘出芳香来。

修身和养德是一个人一生相伴并成为习惯性的事业。这项事业的成败直接关乎他的人生走向和其他事业的跌宕起伏。

有教养的女人，与周围人相处起来，会让人非常愉快。她会想出和他人和谐共生的办法，减少社交摩擦，塑造自己良好的社会形象，更加讨人喜欢。有教养的女人，会更加高雅、充满魅力，全身散发出一种气质和美，让人为之沉醉。

女人有教养非常重要。教养比学历和知识更加重要，它能让人身心愉悦，避免不必要的矛盾，让我们生活在和谐愉快的氛围中。有教养的人，会平易近人，有涵养的人，会忍让他人。但教养不是万能的，而涵养却可以全能。没有教养的人，会提出不可理喻的要求。而没有涵养的人，甚至不会忍受情有可原的要求。面对没有教养的人，要更有教养，不予理睬。对待没有涵养的人，要更有涵养，不予计较。或者找到一个合适的对象，倾诉情感、发泄内心，用平和的眼光去看待世界。

既然教养如此重要，我们应该如何修身，如何养德？修身养德都应该从修心开始，平心静气时常所想的就是自己的志向，心无旁骛地坚持在自己的求学路上，在安安静静专心致志的学习中，提高自己的才学。过度的散漫不能励精图治，同样，暴躁和急于求成也不可能修身养性。

请不用介意周围人的看法。因为有才华的人，自会有人发现你。因为善良的人，总会有人了解你的本性。因为有修养的人，也会有人钦佩你。

懂得如何去发挥自己的优点及克服自己的缺点，便可使你魅力大增。每一个人在性格或外貌方面，都有其独特的气质和优点。懂得如何加以发挥，便可增加吸引力。对别人的信任和关心是最具吸引力的气质之一。关心体谅别人，将会获得相同的回报，别人将会为此种气质而折服。一个仪态端庄、充满自信、步姿优美的女性，最能吸引别人。一个懂得在适当的场合和适当的时间展露笑容或开怀大笑的人，定能受到别人的欢迎。

不要惧怕显露真实情绪，不论什么样的喜怒哀乐、柔情蜜意，都不应加以隐藏。一个经常压抑、掩藏情绪的女子，会被认为冷漠无情，没有人会喜欢和一座冰山交往。有困难时，应该向朋友求助，朋友会因你向他们求助而感到他们的重要性。他们不但不会轻视你，反而会引你为知己，对你更加喜爱。女性在交往中，要心胸开朗，豁然大度，千万别小心眼、小家子气。不要为一点点小事就大动肝火、斥斤计较，甚至在许多场合，弄得大家都非常难堪而下不了台，这样会令人讨厌。

不要自命清高。女性不要自命清高，在社交中，不能因为别人与自己脾气不同，身份有异，就显示出不耐烦或瞧不起别人的样子，当然也不要因自己的职务、地位不如人家，或长相一般，服饰不佳而过分谦卑，要落落大方，不卑不亢。

不要卖弄聪明。每个人都有自己的自尊心，都有引以为傲的地方。卖弄乃缺少教养的表现。当然，女性一般考虑问题都比男性周到而细致，在那种马大哈的男人面前，适当显示你的周到与细致，他是会非常看重你的，千万不要以为这是耍小聪明，这是考虑周全的结果，也是女性心思细腻的表现。不要忽视仪表，作为女性，在社交场合，必须注意仪表的端庄整洁。

在社交活动时，适当地修饰与打扮是应该的。切忌疲疲沓沓，不修边幅。

一个女子无论有什么奇才异能
倘若不把它传达给别人
就等于一无所有

  人的社会属性决定了人不可能隐居山林、彼此老死不相往来。人每天都生活在社会中，只要活着，就会和这个世界发生割不断的联系，就难免要与他人打交道，和不同的人讲话、沟通，因此沟通的重要性不言而喻。沟通是推动事情进展的基本因素，人通过沟通表达意见、交换想法、在他人面前清晰地表达自己的思想和意念，并将之传递给他人，促成问题的解决。沟通包括自我沟通、家庭沟通、职场沟通、朋友沟通等。

  和自己沟通是一种能力，人的一生是不断和自己沟通、认识自己的过程，能和自己和谐相处，是一种境界。和自我和谐相处，是一种不怨天尤人的生活态度，遇事先冷静下来，自我分析和自我沟通；在和自己对话的过程中，要观点中立，不偏不倚，不钻牛角尖，达到身心舒畅的目的。

  沟通是立足社会的资本。在当今的信息化社会，有良好的沟通能力，就拥有了主动权。沟通让生活更加快乐，跟家人及时沟通，可以避免家庭矛盾，促进家庭生活和谐，感情进步；和朋友及时沟通，能够收获信任和友谊，内心就会感到快乐和幸福；在职场中跟同事沟通，才能促进同事关系的发展，有助于推动事情的及时解决。

沟通是一门艺术，掌握了这门艺术的女人更加优雅、美丽。会沟通的女人，人生更加幸福。

既然沟通如此重要，那我们应该怎样和外界沟通，有哪些可供选择的沟通方式，才能达到沟通效果呢？

第一，学会倾听，带着同理心和他人沟通。跟对方沟通前，请先认真倾听对方的讲话内容，同时分析对方讲话时的心里活动、感情倾向和诉说需求，站在对方的角度和立场，理解对方的心理需求，把握对方的心态，充分考虑对方的心理感受，并及时给予正面、积极的反应。如对方需要安慰时，不要用语言刺激他，这样会引起对方的反感，甚至"报复"。倾听是沟通的第一步，一切对话的开始都始于倾听。

第二，注意副语言的沟通。在讲话的同时，适当地使用眼神和肢体动作，可以增加沟通效果。如与对方沟通时，看着对方的眼睛，表达真诚的态度、接受对方的心理状态和肢体动作；表达赞许时，眼神真诚、面带微笑同时竖起大拇指，这样可以增加表达的感染力，有助于沟通信息的传播，取得良好的沟通效果。

第三，注重语言技巧。恰到好处地运用技巧，能够增加沟通的效果，提高沟通信息的有效转化率。

生活中，对待周围的人注重沟通技巧，可以有效避免矛盾、摩擦，让生活更加快乐、舒心。如因地制宜对讲话时间、内容做出调整。对方赶时间的时候，讲话内容尽量简练、不累赘，不耽误对方的时间。对方没讲完前，不插话、不打断对方；俗话说得好，"逢人只说三分话，未可全抛一片心。"这是一种聪明的说话之道，沟通时切勿直白地说出心里的全部想法，以免被不怀好意的人利用。切勿直白、直接，而要婉转、间接地表达内容。直白的话虽然有道理，但听起来不是很悦耳，所有的人都喜欢听好话，同样说一句话，间接、婉转地说和直白、粗暴地表达，会取得不一样的效果。适时赞美别人。不在公众场合揭对方的短处，让对方难堪。对方说了让你不知道如何回应的话时，沉默微笑。听到对方说别人闲话时，沉默、不参与、不评论。带着真诚的态度和对方沟通，也会得到对方真诚的回应。

对待父母，恭敬有礼，谦虚礼让，如有意见冲突时，切勿大声讲话、发怒不安、呵斥责难，应冷静表达自己的想法，及时和父母交换意见，最终解决问题。

对待伴侣，尊重有爱，站在对方的角度考虑问题，用真心爱护对方，及时沟通，避免矛盾的积累、升级。

工作上注重和领导、同事沟通，有效提高工作效率，积累人缘。对待同事真诚有礼，用简单、积极的心态去对待同事，真诚而不敷衍。面对自己不愿接受的事情，学会说不。面对责难，内心强大，不卑不亢。不在背后说领导、同事坏话，不挑拨离间、传播不实流言。

对待朋友，及时关心、问候对方，朋友遇见困难时，及时帮忙，并耐心安抚，将心比心，互相信任、理解。

语言技巧的提高不在一朝一夕，语言在本质上是思维的产物，所以提高思维才能从本质上提高表达能力。除了以上几种方法，也可以通过看礼仪类、沟通类的书籍，观看名人演讲视频、分析演讲内容来提高思维能力，从而提高语言表达能力。做一个沟通能力较强的女人，温柔而致、翩然而舞、极致优雅。

智商决定你的下限
情商决定你的上限
胸大无脑也是病

美国耶鲁大学的沙洛维教授和新罕什布尔大学的梅耶教授正式提出了"情感智商"（Emotional Quotient）这一术语。情商英文简称EQ，Emotion即情，指情绪、情感，Quotient即"商"，指衡量系数，Emotional Quotient即情绪商数。《现代汉语词典》将情商解释为人的情绪品质和对社会的适应能力。简单地说，情商就是指一个人对情绪、情感的掌控、处理能力，以及思维习惯和处世能力。

心理学上将情商分为认知自我情绪、管理自我情绪、鼓励自己、认知他人情绪、处理人际关系五个部分。

所谓认知自我情绪，即知道自己情绪变化的外在表现，了解自己的情绪起伏原因。充分了解自己，是情绪管理的基础。

管理自我情绪即管理自己的情绪，避免自己陷入伤心、嫉妒等消极情绪中。人生难免会遇见消极的事情，如果过度沉迷其中，就会迷失自我，更有甚者产生自我封闭、自杀等行为。因此我们要掌握一定的情绪管理技巧，知道如何面对消极情绪，及时调整自己的情绪，积极应对身边发生的一切。

鼓励自己。焦虑、紧张、愤怒等消极情绪对人的负面影响很大，它会干扰人的注意力，影响人的心情，导致人情绪焦躁，拖延事情的进度。面对消极情绪，要进行自我鼓励和积极的心理暗示，始终保持高昂的斗志和热情，朝着目标前进，努力克制消极情绪的蔓延，帮助自己整顿情绪、排除压力，也就是日常人们所说的，将压力转换成动力。

处理人际关系即和身边的人打交道的能力，它是思维能力、沟通能力等各方面能力的总和和反馈，具体表现为领导能力、人缘广度等。出色的人际交往能力能让人游刃有余地游走在世间百样人群中。古往今来，人际交往能力都是非常重要的社会技能，在中国的人情社会中，有很多事都是人际关系促成的。因此处理好人际关系非常重要，妥当、和谐地处理人际关系是一门艺术。

高情商的人，更容易在社会上取得成功。心理学家霍华·嘉纳曾说："一个人最后在社会上占据什么位置，绝大部分取决于非智力因素。"研究表明：个人成功的因素并不全取决于智商，情商比智商更重要，智商只占20%，而情商却占80%。智商衡量了一个人学习成绩的高低和对知识的掌握能力，情商则更好地反映了人对情绪的掌控能力、对社会的适应能力，标志着一个人在职场、爱情、生活等社会生活中能否取得成功。

情商高的女人在生活中更受欢迎。我们在生活中会遇到很多挫折，我们无法逃避生活给我们设置的障碍，但是可以选择面对障碍的态度，迎难而上，勇敢面对。内心强大、温柔淡定、不妥协、不忍让，用智慧的方式为自己赢得一个完美的结果。

高情商的获得不是一蹴而就的，时间的打磨和经验的积累才能成就高情商。以下分享几条情商训练法。

第一，学会观察。苏格拉底曾说："认识你自己。"人活在世上就是不断认识、了解自己的过程。认识自己是一个残酷又美好的过程，接纳自己的缺点和不美好，充分了解自我，努力改造缺点，放大优点，成为一个更好的自己。

第二，保持快乐的心情和乐观的态度。人遇见痛苦就如同吃了苦瓜，苦口难咽，而快乐则是一道美食。吃了苦瓜后，不要气馁，用快乐来消化挫折，保持愉快的心境，如电影《乱世佳人》中的名言，明天太阳还会照常升起。

第三，多读书，培养良好的思维能力。语言能力是思维能力的外化，缜密的逻辑思维能力表现为严谨、有逻辑的语言能力。语言能力是人际交往的基础，也是高情商的外在表现。读一些人际交往、逻辑思维方面的书籍可以增加自信，有效提高思维能力、表达能力和处世能力，增加内涵、提高修养。

第四，自我激励。保持自信的心态。每个人都是上帝咬过一口的苹果，没有人生而完美，我们只看到淑女自信淡定、面容姣好、身姿倩丽，却看不到她们每天天没亮就浑汗如雨地跑步，制订严格的饮食计划，遵循高度的自律。自信建立在实力的基础上，只有付出，才会收获成绩。

第五，拥有同理心。不断观察生活、体验生活、深入洞察生活、总结反馈，犯过一次的错误不犯第二次。观察别人的情绪，了解他人的需求，及时满足和回应别人的需求。与人交往时多多微笑，塑造友善的社交形象，多多赞美别人的优点，真诚待人，就能拥有良好的人际关系。

第六，结交真心朋友。和真心待你的朋友谈心，及时排除负面情绪，并努力学习别人的处世经验和智慧，应用在自己的生活中。

高情商的女人总能在世事变化中圆滑、温柔地度过一生，解决难题，历经岁月的洗礼却能散发出迷人的魅力，被世人称赞。做一个高情商的女人，快乐地度过一生。

如果你足够优秀
就能得到更高阶层人士的青睐

也许你出身普通，身处草根阶层，交往的也都是同一阶层的人。请不要怨声叹气，自怨自艾，你选择不了你的出身环境，但是可以通过改变自身条件，选择更高阶层的人作为交往对象，追求高层次、有品位的生活。出身普通的邓文迪，通过自己的努力、规划长远的目标，平步青云，步步为赢，最终跟传媒大王鲁伯特·默多克结成连理，彻底改变了自己的命运。

和上流社会的人交往，并不是为了从他们身上获取财富，而是为了结交人脉、拓展眼界、学习他们的处世之道、生财之道、人生经验和社会经验，从更高的层次和角度指导自己的生活、工作和学习，激发自己内在的潜力和动力，努力奋斗，做一个更加美好、更有层次的自己。既然结交上流社会的朋友如此重要，那我们应该如何主动出击，去结交他们呢？

坚信你若盛开，清风自来，永远不要否定努力奋斗的意义。让自己足够优秀，有资本跨入上流社会的社交圈。不管是你的内在还是外在，都可以通过个人坚持不懈的努力、持之以恒的坚持来改善、提升。

一般而言，上流社会的人不仅有较丰厚的经济基础，而且在学历、知识、眼界、气质、谈吐、教养上有一定的高度，草根阶层若想打入上流社会，首先要做的是加强自身建设，提高自己的外在魅力和内在修养，增加自我吸引力。自我建设可从外貌、身材、学历、眼界、谈吐、气质等方面着手。外貌的改变可以依靠护肤和化妆，坚持使用护肤品来改善肤色和肤质，提高化妆技巧来美化容貌；增加运动、控制饮食可以改变身材；对人生进行详细规划，根据个人需求设置发展目标，提高学历实现自我增值；尊重知识，多读书，各行各业的书籍均可涉猎，外出旅游、多交朋友拓展眼界，提高自己的谈吐；研究穿衣打扮的技巧，用知识和智慧武装自己，保持内心的单纯、美好和梦想，培养自己的气质。

选择有前景的职业，通过职场的关系，打入上流社会社交圈。社会是一个复杂交错的网络，世上的所有人都是网络中的节点，每个人都可以通过网络和节点互相连接起来。跟上流社会交往较密切的职业有哪些呢？人只要活在社会中就会有生活需求、工作需求等各方面的需求，与需求相对应的是服务，有需求就会有人提供服务。草根阶层如果想和上流社会打交道，可以通过选择职业，增加与他们接触的机会。服务业是一个可选择的职业，服务业的范围很广，如时尚服务业，包括化妆师、礼仪指导师、服装设计师等；艺术服务业，包括演员、歌手、美术家、音乐家等；教育服务业，包括大学教师、舞蹈老师、美术老师等；生活服务业，包括作家、医生、酒店管理、房地产等；金融行业，包括银行家、金融分析师等。这些岗位与上流社会的人日常联系较紧密，交往频繁，相比较其他职业，这些职业收入颇丰，接触到上流社会人士的几率也较大。

当然，要进入上流社会仅仅选择有前景的职位是不够的，最重要的是付出相应的努力，成为行业里的佼佼者。普通的草根阶层和中产阶级想进入上流社会，就需要在自己所处的领域内努力打拼，成为行业精英，在自己的领域取得一定的成就，成就一番事业，获得一定的社会地位，成为知名化妆师、知名服装设计师、知名音乐家、著名美术家、知名作家、名医等，就能获得上流社会人士的欣赏。

中国著名跳水运动员郭晶晶就出身普通家庭，父母也并非上流阶层，但是她通过坚持不懈的努力在跳水运动上取得了巨大的成就，获得无数金牌，被称作跳水皇后。她本人亦风姿绰约，吸引了身家丰厚的霍公子，并结成连理，成功跨入上流社会。成为自己领域内的"明星"、精英，欣赏你的自然会纷至沓来。

学会运用自媒体宣传自己。现代社会异常发达的网络媒体给人们提供了低门槛、低成本的自我展示平台，草根阶层以微信、微博、优酷网、土豆网等社交媒体、视频网站为载体，开展内容营销，提高自身的知名度和认知度，能够吸引上流社会的关注、追捧。如网络红人Papi酱，出身普通，长相清秀，拥有高等学历，她通过发布一人分饰多个角色，对生活、工作中的一些情景进行吐槽的网络视频，成为网络红人，吸引了徐小平等金融大佬的注意，并获得投资。她通过自我营销，不仅获得了经济财富，还获得了与金融大佬结交的机会，收获了上流社会的人脉资源。

建立良好的人际关系，通过身边的朋友结交到更高层次的人。卡耐基曾说过，世界上的任何两个人都可以通过八个人联系在一起。积极参加高端社交聚会，广泛交友，经营良好的人际关系，通过朋友的介绍和联系，获得结交上流社会人士的机会。

即使结识了上流社会人士，跨入了上流社会，也不要忘记个人奋斗、不要迷失自己。永远做一个经济独立、生财有道的女人，坚持用自己的努力获得财富，以独立、自信的姿态去和他们交往，不依附、不谄媚，收获更多的人生财富。

除了沿途的风景
内心的风景更迷人

世界上总有一种人，在我们语塞不知如何作答时，他们淡定自若，款款而谈，面对任何语境，都游刃有余。他们用机智的的语言化解尴尬，用丰富的知识去解释事物的规律，用老道的经验去解决生活难题，见多识广，被人称赞。

我们的一生是不断认知自我、探索外界的一生，通过自我相处、探索外界和外界交流，最终到达和谐一致的境界。求知、探索外界既是拓宽生命宽度的过程，也是增加生命厚度的过程。这是一种超然的生活境界，是在经历了无知和冷场的尴尬后，主动学习丰富的知识，积累丰厚的经验，以深刻的姿态独上高楼，站上人生阁楼的顶端，睥睨无知和冷场的不甘，获得超越自我的人生快感。人生需要这种快感来冲洗尴尬和浅薄，没有快感的人生将会淡然无味。

为了让人生更有趣味和快感，女人需要树立起见多识广的形象来面对世界，增加自己的个人魅力和吸引力。因为男人更喜欢见多识广的女人，对他们而言，见多识广的女人最可爱。这样的女人谈吐优雅，谈资不绝，对所有的事情都能谈论一番。

她们有着丰富的阅读经验，对书中的某一情节、某个道理记忆清晰、理解透彻，并印证到生活、学习、工作中，让人不得不认同。她们积累了丰厚的旅行经验，对某一地方的风土人情流连忘返，并拍了很多照片，回到现实生活中仍回味无穷。她们拥有充足的社交经验，无论多么复杂的社交问题她们都能迎刃而解，轻松驾驭。她们仿佛清幽的泉水，清澈不染，灵动自然，用流淌的热情融化世间一切难题。她们丰富的知识和社会经验让人心生敬慕。

见多识广对于女人如此重要，可以通过哪些方法让我们变得见多识广呢？

大千世界变化多端，世界有很多未知的精彩等着我们去探索，女人不必只专注于自己感兴趣的、喜欢的事物，要多去体验新鲜事物。勇于接触从未接触过的事物，乐于学习，涉猎广泛，增加人生阅历，提升气质，获得多姿多彩的人生体验。由于生活环境、教育背景的限制，我们对世界的认知程度也有所局限，但是人可以通过不断学习，和外界对话、沟通，激发自己的好奇心，修炼自己的气质。学习一门艺术，体验创作从开始到结束的完整过程，感受人生百态。如茶道、花草、书法等，都能修身养性，令女人更懂生活。从煎水品茶中领悟淡定从容的人生道理，从侍弄花草中感悟循序渐进的生活道理，从学习书法中感受写意人生的生活境界。

学习知识，多读书，感受艺术创作、艺术加工的过程，体验书中的人生百态，增加自己的人生阅历。俗话说："书中自有黄金屋，书中自有颜如玉。"读书并求甚解，将书中的内容转化成自己的见解，做一个见多识广的女人，淡定自若，看流年花开，静享年华。读书的美好在于你可以体验全新未知的人生，用另一种角度看世界，获得知识和美好的阅读体验，升华自己的人生。阅读科学类的书籍，如《时间简史》，学习时间起源、宇宙运行的秘密；阅读天文类的书籍，如被称作最经典星图手册的《诺顿星图手册》，体验观测星云、探索宇宙的乐趣；阅读经济类的书籍，如《国富论》，了解社会经济、资本主义的规律。从阅读中获知社会不同领域的体验，感悟人生，悉知百态，积累更多的谈资，让你的表达更有力量。

学习表演，了解戏剧理论，欣赏电影、话剧、戏剧等剧目，阅读戏剧理论，了解戏剧的本质，观看不同时代的经典代表作。学习表演形式，体验当演员的感觉，经历不同的人生，试着从表演中体验人生趣味。阅读安德烈·巴赞的《电影是什么》，学习电影的历史起源、流派形式、表演手法、拍摄手法和发展现状，感受电影的美；阅读《戏剧的味道》，了解话剧的起源、流派、表现形式，观看不同时代、不同流派、不同表演形式的的代表性剧目；阅读《中国古典戏剧理论史》，感受古典戏剧的经典魅力；阅读《演员的自我修养》，学习演员的表演方式，体验当演员的快感，体验不同的人生场景；试着拍摄微电影，将学到的理论应用到实际中去，体味不同的角色，不一样的人生。

人们常说："心灵或者身体，总有一个在路上。"如果学习和阅读是行走在心灵的路上，那么外出游玩就是让身体在路上。世界之大，总有让你向往已久、心动不已的地方，挑选一个风清景明的日子，或独自一人轻装上阵，或携家带口合家出游，迈出旅行的脚步，带着心灵上路。体悟旅行中的风景如画，见识不一样的风土人情，把所看、所想用笔尖去记录、用相机去存档、用思想去铭记，把这一切都当做一种记忆，留待日后翻看，在需要的场合重放。

学习为人处世、人际交往之道，广泛地结交朋友。朋友可以让我们更加见多识广，听朋友讲述他们的经历故事、人生经验，不断地思考，将朋友的见闻转化成自己的见解，丰富自己的人生内涵，拓展自己的人生经验。

见多识广的女人，往往比一般女人拥有更多的知识和见解，她们用见识和经验将自己的人生装扮得更加美好，让自己行走的步伐更加坚定，她们保持好奇心、求知欲，不断地探索和发现，让自己的生命幅度更加广袤，生命之路更加宽广。

| 第四章 |

气质优雅
是冻结时光的秘密武器

面由心生
不要被坏情绪把自己变成怨妇

小时候，仔细规划好的假日出游因为下雨而耽搁，父母买再多的洋娃娃也弥补不了那种失落的心情，但是注意力被转移之后也就忘了。反而在成年以后，却对于很多事情看不开，愈发"记仇"。

烦恼的滋生，大多源于自己的不满足。读书时，我们烦恼的是成绩；工作后，又烦恼待遇不好，似乎很难有什么能够让我们真正开心。

自然的存在本来就有缺憾，月有圆缺，人无完人。人生不如意十之八九，这个世界上所有的事情，总是有一得必有一失。不要强求诸事完美，那样只会让你身心疲惫。财富可以给你享受，但它也会带来苦恼；爱情能够给你欢乐，但它同时也给你痛苦。正确地看待自身与他人的差别。无须自轻自贱、盲目崇拜英雄和偶像，把自己低到尘土里去；也不要盲目自信、无谓地贬低他人，不因别人的权力财富地位而愤愤不平。

生活的待遇是对等的。没有一个人不受委屈，没有一份工作不辛苦，没有一个人的人生会一帆风顺。看开也好，看不开也罢，生活不会对你手软。

研究发现，积极情绪和消极情绪是独立的两个维度，对抗消极情绪，或者说"解决问题"，并不能带来积极的正面情绪，负面消极的情绪减少了，最多也只能回到"0"状态。所以，负面情绪是不用对抗的，过去的经验告诉我们，你越是拼命地对抗情绪，就越是会深陷于情绪中。

罗曼罗兰说："这个世界上只有一种英雄主义，那就是在认清生活的真相后依然热爱它。"

坏情绪有时候就像一个淘气的孩子，你越是拒绝他，他就更变本加厉地纠缠在你身边。就像神话传说中的捆仙绳，越是挣扎就束缚得越紧。敞开心扉，和自己握手言和，告诉自己："它也是生活的孩子，可能淘气了点，没有什么好人缘。"

对待消极情绪，除了自己愿意努力调整外，不会有什么特别的捷径。就算看心理医生，也必须自己愿意配合，医生只是引导你去调整，让你看开某些事情罢了。就像健身，只有靠自己日积月累地锻炼，不会有什么窍门能让一个瘦弱的人直接变得强壮。

困难发生在别人身上的时候，我们不会注意。降临到自己身上时，才会被脆弱的人无限放大。学会接受生活的不顺遂和小叛逆，接纳不完美的自己和不完美的别人，学会将悲伤化为动力，将消极变为积极，学会接受并享受生活赐予你的苦和甜。

生活中经常看到这样一些人，一点点小事都会在他们心中掀起惊涛骇浪，经常喟叹："为什么我老是这么倒霉？"负面情绪在很长时间内都会是困扰他们的元凶。而有些人不会花时间去怨天尤人，他们共同的态度是："现在没时间抱怨，因为正忙着解决问题。"当我们少一分抱怨，就会多一分进步。

我们都是穿行于攘攘红尘中的凡人，摒弃不了七情六欲的侵扰。然而，在长夜漫漫的时候，一味蜷缩在黑暗的角落，就不会知晓黎明的来临。活着就是一种心态，当你心若旁骛，淡看人生苦痛，人生就算失意，也会心境坦然。所以，请放平心态，接受身边或好或坏的事情。

学会自我放松。适当给自己的身心放个假，倚在一个舒适的地方，听着舒缓的音乐打个盹，或者是闭目冥想。想象一个你所喜欢的地方，大海、高山抑或是其他你所喜欢的事物，让自己内心焦躁的情绪舒展开来。

给自己制造一个舒适的空间，你的生活环境会影响你的情绪。如果你生活在一个充满灵感的环境中，你每天都会富有创造力和激情。如果你的房间一团糟的话，那就立刻改造它。从小事做起，整洁的桌面、明亮的窗户，都可以在闲暇的时候让你心生欢喜。

旅行有时候也是一种心灵的释放，如果总是闭塞在自己的小世界，或者把自己圈在生活和工作的环境里，人的境界很难有大的突破。找一个适合自己的环境，走出坏情绪的包围圈。适当换个环境，找个自己喜欢的地方平复一下自己的心情。我们看不到太阳，不是太阳不存在了，而是因为我们站在了乌云下。

让自己的生活多一点偶然，打破一成不变的生活规律。没有机会就创造机会，哪怕有时候坐在路边看看过往行人，看看他们的表情、他们的生活，都能有所收获。

给自己找个正确的生活重心。你想成为怎样的人？最终想成就怎样的事业？人生的价值和意义是自己赋予的，没有灯塔指引的航向是迷茫的，没有目标指引的人生也只是漫无目的的漂泊。

减少对自我的执着，乃至对名利得失的计较。嫉妒是人心的魔障，往往和独占、自私自利的心理纠缠在一起。当我们看到别人的长处时，应该尝试去欣赏对方的才能，从而充实自己的不足。换个角度想，别人能够得到什么好处，都是他努力付出的成果。

我们的人生阅历决定了我们的眼界，而眼界决定了我们的胸怀与心境。我们都在想尽一切办法去丰富自己的人生阅历，看两本好书，学习一项自己没有接触过的新才艺，都可以在提升自己的同时给自己带来心境上的满足。外在的美会随着时间流失殆尽，内在的美却不会因为时间而凋零。

佛教说烦恼的根源在于"贪、嗔、痴"，星云大师也曾说过烦恼起于执着、缘于无明、由于看不开、出于太自私。终极的解脱之法，应该是彻底放下攀比心和嫉妒心。但毕竟我们都是俗人，执念都很深，谁也不可能生来就能达到无相无我的禅定境界。

当我们暂时无法放下攀比心的时候，至少可以找到一些方法，把攀比心转化为激发斗志的进取心，而不是任其发展为毁灭自己的嫉妒心。你可以把这个庞大的计划分割成块，给自己做一个短期的学习、工作计划，越具体越好，让自己的世界立体而丰满起来。

路，要一步一步走，饭，要一口一口吃。徐徐图之，道虽弥，跬步亦能达。

享受孤独
不要给前任守寡

孤独是一种生活常态，在孤独中感悟内心，还原内心真实的感受，在孤独中规划自己、充实自己，让自己变得更加自立自强。

人不应该害怕孤独，而应该害怕浪费了孤独的时光。

张幼仪的婚姻是孤独的，和徐志摩结婚的七年里，徐志摩对她爱答不理，甚至是不屑一顾，最终，徐志摩还是因为林徽因和张幼仪协议离婚。然而，也正是这样一份让她倍感孤独的婚姻经历，造就了她的端庄优雅，自强自立。

离婚后的张幼仪在独处的时间里常常反省自己的缺点，一点一点做出改变，在无人陪伴的孤独中，她前往裴斯塔洛齐学院进修学习，努力提升自己的知识水平；回国后在东吴大学教授德文，后担任上海女子商业储蓄银行副总裁，把这家女子银行带出困境；不久，出任上海云裳时装公司总经理一职；1934年，应邀管理其二哥主持成立的国家社会党财务，一时间在上海声名鹊起。

时人评价张幼仪"线条甚美，雅爱淡妆，沉默寡言，举止端庄，秀外慧中"，这样一个气质出众的女子，正是在孤独中沉淀，在孤独中成长，才让她备受尊敬，荣耀辉煌。

那么，要如何享受孤独？如何让自己不会在孤独中被寂寞吞噬，依然坚定自己的方向？

首先，读书是享受孤独最重要的方式。孤独，从某种意义上来说，是个人心态中另一种独立思考的形态。一个人，只有感受到孤独，才能和周围喧嚣的世界隔离开来，才能有独立的思考和判断；才能汲取书中的价值，读书过程中的所思所得才能化成自己智慧的一部分。

"腹有诗书气自华。"书也是一种心灵净化剂，每个人每天都被各种各样的信息包围着，有限的脑海被这些杂乱的东西塞得满满的，这时候，一个人，静下来，告别外界的一切干扰，在孤独中让读书清除那些杂乱的东西，净化内心，让自己走得更高更远，就像三毛在《送你一匹马》中说的：读书多了，容颜自然改变，许多时候，自己可能以为许多看过的书籍都成了过眼云烟，不复记忆，其实它们仍是潜在的。在气质里，在谈吐上，在胸襟的无涯，当然也可能显露在生活和文字里。

第二，坚持运动。孤独是一场修行，必然会遇到许许多多的艰难险阻，要想避免走火入魔，不偏离自己的方向，就要适当减轻自己的压力，不再肩负巨大的负担，丢掉多余的东西，给自己留一些空间。

运动是减压的最好方式。生活在现代社会，压力过大不光会降低我们的工作效率和生活质量，还会动摇我们的意志，因此，减压就变得尤为迫切。运动健身在塑造完美体形、提升优雅气质的同时，还可以把体内郁积的种种不快释放出来，在运动中感受内心迸发的激情，久而久之，你就会喜欢上这种在孤独中挥汗如雨的畅快。

第三，坚定自己的信仰。这里所说的信仰，既可以是宗教信仰，也可以指对于某事某物秉持的宗旨。一个没有信仰的人，很容易失去做人做事的准则，为外界左右。而信仰坚定的人，会依自己的原则行事，不偏不倚，不因外界事物而放弃底线。

人在孤独中最容易迷失方向。在孤独中，很多人不知不觉就放弃了自己的选择，这时候，不妨静下心来，想想当初坚持的理由，回头看看走过的路，别忘了深埋心底的那份信仰，让信仰成为你孤独路上的"定海神针"。

最后，丰富人生阅历。在孤独中创造更多的人生体验，在独处时开阔自己的视野，体会更多精彩的生活方式，拒绝平淡的人生，让原本乏善可陈的生活不再平庸。

当然，创造人生体验要从实际出发，根据自己的经济和身体等客观条件，量力而行。如果条件允许，可以创造更多普通人尝试不到的体验，如果条件一般，可以从身边出发，用心观察周围的人和事，哪怕只是最平常不过的缝衣做饭，也可以在细微处发掘与众不同的美好。

每个人都或多或少地经历过孤独，然而能真正体会孤独的人却很少。孤独不代表寂寞，孤独不是空虚，不是隔绝，不是无病呻吟。人群中那一抹脱尘绝世的凄美，伴随着淡淡的苍凉，一颦一笑，举手投足间不经意表现的优雅婉转，那就是孤独的外在表现，这种美是模仿不来的，只有真正体会孤独并且享受孤独的人，才会自然而然地表现出来。这种美，不可替代。

喧闹的环境常常让人浮躁，这时候，不妨让自己孤独下来，在一个人的世界里告别浮夸，返璞归真，认识最真实的自己，反省曾经的是非得失，恩恩怨怨，学会感恩，把苦痛的思念化作衷心的祈祷，把悲哀的泪水化作芬芳的美酒，慢慢品味精彩的人生。

一个人，一本书，一张椅，一壶茶，静静地看着，静静地想着，在孤独中品味人生，漫步于自我的心灵旅途，把平日里浮躁焦虑的心融于如水的宁静之中，夜深时淡品人生，触摸灵魂的张扬，让虚无变得富有，用孤独打造优雅，在孤独中沉淀自己独一无二的气质。

愿你早日领教这世界深深的恶意
然后开始爱谁谁的快意人生

　　岁月的流逝可以带走女人娇媚的容颜，却无法带走她真正的魅力。每个女人都希望保持独特的风姿和魅力，而乐观优雅是一个魅力女人不可或缺的伴侣。

　　世界上没有一种美容品能让女人永远留住青春，最多只是掩饰或延缓衰老而已。比起那些铺天盖地的抗衰老宣传，乐观才是女人最好的保养品。一个乐观的人，要比一个整日抑郁的人显得年轻很多。

　　将积极乐观的心态融入自己的生活中，即便岁月褪色，女人的风姿依然绰约。在电视或者书上我们经常看到诸如此类的情节：一个人悲伤过度，一夜白头。有人会笑这些描写太浮夸，但是毋庸置疑，悲观比岁月流逝的刀刃更深刻见骨，让你的容颜褪色。

　　两个人看到同样一朵盛开的鲜花，一个人看到花开正浓，想着的是生命的希望和力量，而另一个人却感叹再娇艳的鲜花也终要化为尘土，苦闷于岁月流逝、生命无常。

　　有的人能用积极的心态看待每一件事，而有的人却用消极的心态对待人生，其实最值得珍惜的并不是已经失去的和还未得到的，而是你现在拥有的。

　　人生不如意十之八九，你不知道它会在哪一刻到访。失望、烦乱、悲伤是每个人正常的情绪。接纳这些，并把它们当成自然之事，允许自己偶尔失落和伤感。一部让人捧腹的电影，是心情沉闷时的一剂良药。一个乐观的女人，不管身处于怎样的生活状态下，都保持着一张笑若春风的脸，充满着阳光濡润的温情。

积极面对生活，不仅需要热情和决心，更需要技巧。比如，选择对你有意义并且能让你感到快乐的课程。不为了拿啥学历，证书或者和其他什么人攀比，就是要遵循自己的内心，为了自己的快乐而选择。

不要总把困难放大化，将所有的过错都归咎在自己身上。那样的人生未免太过疲累。要认识到每件事物的好坏都取决于自己的态度，不要为了无关紧要的事发牢骚。无须为了给别人好印象而刻意改变自己。正所谓：有意栽花花不开，无心插柳柳成荫。

尺有所短，寸有所长。每个人的天赋是不同的，知道自己的能力范围和自己所应该做到的，不要耿耿于怀于自己能力有限，给自己一个客观的评价。和自己较量，有进步就是最大的胜利。当自己很好地完成了设定的目标时，为自己庆祝一下，即使庆功宴只有自己一个人。

罗列使你感激的事情。感谢生活或好或坏的给予。用童心拥抱生活，然后用成熟去理解生活。与人为善，懂得感恩，善待自己的家人和朋友，和陌生人相遇也报以善意的微笑。

简化你的生活，放弃自己觉得负累或者无用的事情，身上的背负太重都会压弯你上扬的嘴角。更多并不总代表更好，物极必反，未必都是多多益善。过时的衬衫，过时的恋人，只会让你的生活凌乱又臃肿。

保持对生活的热爱和新鲜感。尝试做一些新鲜的事情，来丰富你的生活。环境决定心境，而心境决定态度。一个魅力女人不会把精力浪费在埋怨生活的不公上，而是把精力用在工作上和如何提高生活质量上。一个没有尝试过的菜式，一本没有读过的书，一个没有了解过的人，都可以让你生活的像寻宝一样充满惊喜。

在自身经济能力允许的情况下，不妨找个时间去"寻欢作乐"，去一个神往已久的地方，感受一下不一样的风土人情。

适时夸赞自己，是生活最好的伴侣。每天醒来的清晨，告诉自己：你是最棒的。上床就睡觉，不要考虑别的事情，有心情的话可以开个睡前的"卧谈会"，回顾一下幸福或者美好的事情，这样你就会拥有一份好心情。让这份好心情陪你入睡，这便是最好的化妆品。

永远不要对别人的困境袖手旁观，雪中送炭比锦上添花更让人感激，也可以给自己带来欢乐，身处一个愉悦的氛围，身心自然耳濡目染。

多和朋友在一起，哪怕只是相约一起喝个下午茶。三五知己，聊聊最近有趣的见闻，说一些可能听起来天马行空的想象，或者是谈一谈生活中令人困惑的事，抑或只是安静地坐在一起，享受一个静谧的下午。

大部分女人的生活既不是一无所有，也不是事事如意。手执这"半杯咖啡"，与其为了只有半杯而郁结，不如感谢还有半杯咖啡可以享用。人本来活的就是个心情，往坏处想说明你能未雨绸缪。但是，独自沉浸在自己想象的坏结果中只会让事情真的变糟。

一个女人的心态决定了她的生活质量，爱笑的女人，运气总不会太差。

不要等到年岁渐长
才发觉无以为乐

欧洲中南部的阿尔卑斯山谷中有一条宽阔的车道，两旁景色极美，有一块指示牌上写着醒目的大字："慢慢走，欣赏啊！"

许多人不解为何放置这块标语。这其实是在提醒匆忙驾驶赶路的人们，不要错过这一路优美的风景。同样在忙碌的生活中，我们有必要慢下来，欣赏和享受人生的美好。

去做自己喜欢的事吧，去享受属于你自己的人生！

梁文道曾说："女人活在世上，要有别人拿不走的东西。"换言之，女人要活出精彩，就要有能让自己忙碌充实的兴趣和爱好。

兴趣爱好是指一个人经常趋向于认识、掌握某种事物，力求参与某项活动，并且有积极情绪色彩的心理倾向。简单来说，就是自己发自内心欢喜、愿意长期进行的活动。

首先，兴趣和爱好会成为激励我们积极向上的精神支柱，使我们热爱生活，适应环境。赵岩老师在一次演讲中说："兴趣爱好可以让生活有了目标，不会沉迷什么，不会迷惘，不会堕落，而是积极向上地去追求自己喜欢的东西。在这种支柱的支配下，生活会变得充实起来，产生一系列积极的情绪体验。"

居里夫人说过："十七岁时你不漂亮，可以怪罪于母亲没有遗传好的容貌；但是三十岁了依然不漂亮，就只能责怪自己，因为在那么漫长的日子里，你没有往生命里注入新的东西。"兴趣爱好带给我们的不仅仅是表面的影响，还有内在性情的改变、对生活态度的提升。

一项高雅的兴趣爱好，能够让我们保持愉悦的心情。生活绝不是只有工作和家庭，无论在事业和爱情上取得多大的成功，那也只是生活的一部分而已。

一个真正懂得生活的女性，会不断地通过培养多层面、高质量的兴趣来丰富自己的生活，如音乐、绘画、读书、健身等。音乐使人放松、绘画使人浪漫、读书使人丰富知识、健身可以强健体魄。

参加这些活动不是为了追求功名，而是寻一方净土来愉悦身心、松弛疲惫。

但是兴趣爱好绝不是数量上越多就越好，健康、积极的兴趣爱好能给我们的生活带来好处，相反，错误地沉溺在无用的、颓废的兴趣爱好中，结果反而会很糟糕。能在众多兴趣爱好中，找到一个适合自己的爱好是需要技巧的。

那么，如何培养真正适合自己的兴趣爱好呢？

第一，拥有良好的知识储备。

知识是培养兴趣爱好的基础，知识越丰富的人，兴趣面也越广泛；而知识贫乏的人，兴趣也很狭窄。所以拓宽知识面也就拓展了兴趣爱好的选择范围。

我们要培养某方面的兴趣，就应该先掌握这方面的知识。譬如，要培养学钢琴的兴趣，就应该先接触一些钢琴演奏作品，体验一下钢琴这个乐器能带来的优美意境，了解一些关于钢琴弹奏的基本技能，这样就可能会产生对钢琴弹奏的兴趣。

第二，善于从娱乐中发展爱好。

我们每个人都有一些在闲暇时间放松自己的小娱乐，比如看韩剧、做甜品等等，这些小娱乐看起来似乎只是消遣时光的活动，但其实我们可以将其发展成爱好。

自发地产生兴趣是非常重要的。我们把为了摆脱无聊而参与的娱乐活动，发展成"充实生活"的兴趣爱好，将培养兴趣爱好与保持生命活力划等号，会更有动力去坚持。

第三，根据自身特点培养兴趣。

每个人都是独立的个体，都拥有鲜明的性格特点。根据自身优点培养的兴趣，往往会与我们一拍即合，不用花费过多精力去磨合就可以适应。

首先对自己要有一个明确的认知，知道自己的特点和优势，针对性地挑选适合自己的爱好。

如果你天生肢体协调能力较好，培养瑜伽这种修身养性、舒展筋骨的爱好会使你的特点得到展示。你不仅能培养一项兴趣，而且多了一项拿得出手的特长。

如果你习惯独处，不妨考虑考虑长跑、健身这些个运动性强的运动，戴上耳机将自己带入另一个世界，在强健体魄的同时享受属于独属于自己的愉悦。

第四，从好友身上发现兴趣。

由于每个人所处的环境、所受的教育及主体条件各不相同，所以感兴趣的事物也各不同。与你志趣相投的好友，他的行为会在很多方面影响你，包括他对某些事物的喜爱也会慢慢"传染"你，你们相处的时间越久，他的某些兴趣爱好就越有可能变成你的兴趣爱好。

所以多去了解身边好友的兴趣，大胆尝试，说不定你就会发现这项爱好同样能唤起你的热情。你与好友也就又拥有了一个共同点，你们的感情也会更加亲密。

找到真正适合自己的兴趣爱好后,剩下需要做的就是坚持下去。世上最难的就是坚持不懈地投入,每一件事情都只有你逐渐认识、掌握,才会获得真正的喜悦。当你选择健身作为一项爱好,开始的时候或许会觉得疲惫劳累,但当你坚持下来了,就会发现健身的乐趣,并真正热爱这项运动。

在这个越来越繁忙、越来越漠然的社会,拥有一个兴趣爱好的人是幸运的,他们知道如何在这片漫天尘土中为自己开一片绿洲,所以他们也是幸福的。

我们每个人都要有属于自己的一方乐土,不管是体育锻炼、舞蹈音乐、阅读作画还是背上背包去旅游,总要有一样兴趣爱好,让你即便身陷囹圄,日子也总是还有快乐和希望。

唯一能影响命运的，就是读书
这比时尚的穿着更加重要

女人都是爱美的动物。一般我们认为，女性的美丽是通过保养皮肤、时尚穿搭和精致妆容打造出来的。其实不然，这些只能算得上是外在的美丽，真正的气质美人，她们的内在一样如外表动人，容颜易老而气质永远活在时光中。

女性的内秀，是需要通过阅读书籍，日积月累才能形成的。

内涵对一个女人魅力的影响甚至大过容貌。身边不乏很多年轻漂亮的女孩，她们不遗余力地追求美丽，昂贵的化妆品、时髦的衣服，一掷千金、毫不吝惜。但却唯独不愿意花费金钱和时间来读书。所以这些衣着华丽外表的女孩一旦开口与别人交谈，就会暴露自己的肤浅、不足，让人失望。

但与之相反，有一种女性，她们衣着朴素，也没有任何华丽的装饰，你却能从她们的言谈举止中感受到如沐春风般的气息，那种自然散发出来的女人味。她们就是拥有气质美的女性，她们的气质可以让人们忽视其相貌而心醉沉迷。

流涟在灯红酒绿中的女人，她们的美丽是浓妆艳抹、浮躁而脆弱的。徜徉在书海中的女人，她们的美丽虽然不施脂粉，却恬静安详，犹如天上的星星，明亮中透露着一份深邃。

容颜易老，但气质永远不会老，反而会在时光中沉淀出一种惊人的光彩。

读书就是增添女性气质的内涵最重要的途径。

读书能让女性的内心变得丰富，思想不断进步，视野变得开阔。阅读书籍，就是一种身未动而心已远的经历，在这个节奏飞快的现代社会，我们往往没有过多的精力、时间抛下一切去经历世界，但读书却可以让我们在他人的世界里感同身受，在文学作品中品味人世沧桑，感悟人情世故，这就是最好的经历。

当然，真正的内心富足远远不止对文学作品的感悟，丰富的生活需求促使我们进一步扩大阅读面，除了文学、服饰、育儿、旅游、美体健身等实用类书籍相比于文学、艺术、哲学类书籍，会更快地展现成果，因为书籍上获得的知识可以运用于实践。

有好书籍相伴的女性，内心一定是富饶宁静的。

书籍可以改变一个人的思想。虽然现代社会教育普及率高，但仍不免有些女性思想较为落后，谨遵"女子无才便是德"的古训，甘心在家庭操劳中奉献一生，把自己的姿态放低到了尘土之中。这是可悲的一件事，女性应当和男性一样扬眉吐气，享受现代化社会带来的便捷，享受人生的美好。

女性需要书籍为她们打开封闭的心房和视野，书籍虽然不能解决问题，但却能够提供一个更好的视角。让更多的女性看到真正的精彩人生是什么样，引导她们去追求属于自己的人生。

杨澜曾经替天底下的女性做过回答："有人会问，女孩子上那么久的学、读那么多的书，最终不还是要回一座平凡的城，打一份平凡的工，嫁作人妇，洗衣煮饭，相夫教子，何苦折腾？我想，我们的坚持是为了，就算最终跌入烦琐，洗尽铅华，同样的工作，却有不一样的心境，同样的家庭，却有不一样的情调，同样的后代，却有不一样的素养。"

哪怕生活轨迹无法改变，我们也要将人生的选择权握在手中。在方寸之中追求纵向发展，为自己建造一栋心灵上的大厦，这样的追求不是一朝一夕就能顿悟的，而需要在读书中慢慢培养。

书籍还可以使人内心强大。

女性天生是个敏感脆弱的群体，除了外在力量的弱小，更多的是内心不够强大。在这个千姿百态、处处皆是诱惑的社会，稍有不慎就会走向错误的人生道路。书读得多了，内心才不会决堤。读书的根本目的是让我们看清世界和自己的距离，在我们陷入无所依靠的境地、无所事事的状态时，有一股严肃的力量推动我们前进。

热爱读书的女性，她们的言行举止都令人刮目相看。人们在相处中渐渐地忘记了她的容颜，只沉醉在她的才华和智慧中。"腹有诗书气自华"，你的谈吐可以很好地体现你所读的书、经历的事，这就是读书的妙处。

人生就是一本书，热爱读书的人会把日子当成自己写的书来读，一年一年的写下去。喜怒哀乐、悲欢离合，所有情绪都在书中得到宣泄。冰心曾高歌："我永远感到读书是我生命中最大的快乐！"而女性读书的结果，就是过滤掉生活中的消极悲观，收获快乐，活出真正的人生。

不要成为欲望和冲动的奴隶
我们要选择而不是服从

《菜根谭》中收录了这样一句话:"宠辱不惊,看庭前花开花落;去留无意,望天上云卷云舒。"这句话的意思是看待事物要做到如花开花落般平常,才能不惊;视职位去留如云卷云舒般淡然,才能无意。

也就是保持平常心。

一个人的内心,太容易受到外界的干扰。人往往会因为外界的影响而陷入贪婪、妄为、沉溺的境地,执着于功名利禄、荣华富贵而无法自拔,这种内心世界的迷茫,使人遇到挫折便如无头苍蝇一般慌乱,令人迷失自我和本心,最终误入歧途。

但平常心不是看破红尘,不是否定所有一切,更不是固步自封地将自己的思想禁足。何谓平常心?如果追根溯源,在古文化中去循迹就会太过玄奥。所谓平常心,其实不过是我们在生活中处理事情的一种心态,是思想不断经过磨练后形成的修养。平常心可以分为三种境界。

首先,不骄不躁,"以出世之心,做入世之事"。

在这个快节奏、高强度的现代社会,能够保持一颗平常心,就意味着能在紧迫的生活压力下,保持淡泊的心情去感受宠辱不惊、仍有一份欣赏庭前花开花落、展望天外云卷云舒的自在情怀。

其次，从容淡定。

所谓平常心，也就是我们日常生活中的一种处事心态，遇到任何事情都能保持镇定，不轻易慌张。这种心态不是转瞬即逝的，而是长久存在的一种"常态"，可以通过不断加强内心修养形成，与个人的知识涵养划等号。正如孟子所说："仁是人的心，义是人的路。"

最后，不以物喜，不以己悲。

慧能大师曾对平常心的最高境界作出禅释："本来无一物，何处染尘埃。"这种超脱物外、超越自我的境界是平常心的最高表现。不因外物的好坏和自己的得失而或喜或悲，这种豁达的胸襟常人一般无法做到，但能达到这个境界的人必成大事。

平常心，好似一泓清泉，拂去心底的灰尘；平常心，好似一杯香茗，给干渴的心灵带来一丝甘甜。面对荣辱成败，一颗平常心可以让我们内心波澜不惊；面对恩怨情仇，一颗平常心可以让我们沉稳不惧、处乱不惊。

但更多的，平常心带给我们的是遇到挫折仍然能勇往直前、积极向上的信念。这是为什么呢？因为平常心可以净化恐惧，从内心深处战胜恐惧，为我们带来希望。经得起顺境与逆境的考验，得意时不忘形，失意时不灰心；成功了，勉励自己"山外有山，人外有人"；失败了，告诫自己，"失败乃成功之母"，在挫折中吸取教训，从哪里摔倒就从哪里爬起。

行路难！行路难！

多歧路，今安在？

长风破浪会有时，直挂云帆济沧海。

在这个物欲横流、处处陷阱的社会，能保持一颗平常心并不是一件简单的事。但为了遇到挫折而不后退，为了活出更美好的人生，我们需要也必须学会平常心。

那么，怎样才能保持平常心呢？

第一，拥有一颗平常心，必须要有一个正确的世界观、人生观、价值观。这是一切心态的基础和必要条件，能够保证我们在诱惑面前坚定立场，不掉入陷阱。

内心要保持云水般宁静，信念要像磐石、劲松一样坚定，无畏于外界的磨练，才能拥有坚不可摧、刚正不阿的平常之心。

每个人面前都有一条通向人生目标的道路，但不是每个人都可以到达终点，因为这路途坎坷崎岖，总有人在中途便放弃。途中众多的磨难需要有一个正确的引导，随着磨难不断被克服，畏惧感就会逐渐减少，内心就明白：真正主宰恐惧的并不是痛苦本身，而是我们自己。真正做到这点，就能拥有平常心。

第二，保持平常心，要学会满足，及时放弃。

在现代人眼里，满足是甘于现状、不思进取的代名词，但其实不然，满足才是真正执着追求后的选择。懂得满足的人容易快乐，因为他们计较的并不是官职的高低、俸禄的多少，而是是否真的活出了自我，实现了自己的人生价值。

人确实应该拥有平常心，它可以使人超脱，使人"知可为而为，不可为而不为；知其该为而为，不该为而不为"。

在做每一件事前都问问自己想要到达的境界是什么，想收获些什么。当真正实现了当初的想法时，就应当学会满足，对其中的得与失都不再计较。这种心态就是在名利收获面前保持平常心：人生逆境时淡然处之，顺境时也不妨去坦然面对。

第三，保持一颗平常心还要学会不在意。

太在意他人对自己的评价，只会活在别人的言论里；太在意事情的最终结果,只会失去过程中的喜悦。我们并不是为了别人的喝彩称赞而活在世上,每一个独立的个体都应该做自己世界的主宰,他人的眼光和建议只能算作自我思考的众多因素之一,决不能盲目听从别人的建议而下决定。做事也不要太过追求完美,人生在世,过程才是我们最有意义的实践,我们在过程中收获的往往会比结果更有价值。

所以我们要适当听取他人建议,但不应该过多地放在心上,事情还是需要自我实践考核后才能做决定。在面对多种选择时,更要自己做出决定,即使我们做出的选择并不一定是最好的,但这才是人生啊。

拥有平常心的人往往更容易享受生活。在这个充满诱惑和欲望的社会,我们无论何时都要保持一颗平常心。学会控制欲望、知足常乐,这才是最高境界。说到底,平常心无非是"无为、无争、不贪、知足",对待任何事都顺其自然,坚守信念,不在意他人的眼光。这样才会有豁达的广阔胸怀,遇到事情才能保持冷静头脑,拥有美好的明天!

保持一颗平常心,会发现你所追求的幸福其实一直就在你的身边。

从容自若
然后才能保持优雅

提起优雅,我们立即就能联想到从容。

我所能想到的最符合这一形容词的女性是冰心。这个经常出现小学读物上的名字,除了拥有能温暖一切的文字,她本人也是温煦如风的。

你在她的一生中看到的永远是积极向上的:年轻时不拘传统,立志要登上海中灯塔在黑夜中为航船指明道路;十年动乱中,六十多岁的她每天早起赶班车去中国作协扫厕所,却从未低头抱怨;年老以后也保持每天按时起床、读报、散步的习惯,和年轻时一样每天都在写作。

她一生都坚信:"有了爱就有了一切。"爱支撑着她像个精灵一般在世界留下点点光辉。

在冰心的身上,我们可以概括出一个女人所有的从容品质。

从容是历经沧桑后不再浮躁,笑对日常琐事,坦然包容所有的人情世故。面对世间的纷扰、大大小小的挫折,都能始终保持微笑。

我们经常把女人比作水,而将男人比作山。这是因为男人沉稳、固执,不易变通,始终坚持自我;而女人却多了那么一分从容,会在时代、环境的变化中找到自己的定位,随着外界的变化而变化。在潺潺小溪中她是单纯清澈的水滴,在浩瀚的大海,她又变成汹涌的海浪经久不息冲击着礁石。

这又何尝不是一种智慧呢，藏在灵魂深处的睿智，在杂乱的世界找到属于自己的清澈，享受属于自己的人生。

从容的女人内心永远不老。任外界风起云涌、巨浪涛天，从容始终让她的内心处于一派安详、宁静的意境之中。年龄永远是女人最忌讳的问题，因为随着年龄的增长，那些美好的、惊艳的魅力逐渐被尘世打磨得平凡，最终和世界上千万个女性一样失去了光泽。

谁也不希望变老，但容颜的改变我们无法阻挡，那为何不保持内心永远年轻呢？

自信从容的女人不畏老，她们不畏惧岁月，反而将时光的经历当作一种学习体验，智慧、文雅、内秀成了她们心灵不老的秘方。她在磨难中愈见坚强，总是会不断地运用智慧去寻求生活的乐趣。怕老不会使你不会变老，唯有正视年龄，坦然面对，勇于对生命负责，才可能活得更好、更美。

如果能从容优雅地老去，对于一个女人来说该是怎样的一种造化。

从容，藏在言行举止中，蕴藏在心胸气度中；从容，是女人不畏岁月超越容颜的魅力，更是宠辱不惊的生活态度。在纷扰的红尘中人生不免偶有起伏，情绪也总有捉摸不定。但不管怎样，女人都要生活得气定神闲，从容淡定。

优雅离不开从容，从容是优雅的第一步。怎样做一个优雅从容的女人呢？

1.始终保持心底的善良和大度

因为大度，才不会因为小事露出刻薄、计较的丑陋面貌；因为善良，才会永远保持温柔、优雅的面容。大度的人喜欢与他人分享，因为每个人所拥有的知识技能有限,分享才是最大的快乐,只有学会与他人分享,才能获得更多的宝贵经验,才能在这个瞬息万变的社会立足。

2. 培养自己豁达的胸襟

优雅的女性绝不会固步自封,她们的修养和思想决定了她们遇事旷达,不拘泥于自己的观点,对的选择就坚持、错的决定就及时放弃,跟随时代潮流不断创新、改变。乐观豁达的人,能把平凡的日子过得充满乐趣,能把苦难的光阴变得难忘,能把烦琐的事情变得简洁。

3. 学会知足,不抱怨、不烦躁

负能量是情绪的魔鬼,能够从内心将一个人击垮,然后给生活、工作、朋友都带去负面影响。抱怨、烦躁都会产生负能量,抱怨的人永远都不会获得快乐,那么为什么不去避免呢?"知足者常乐",将自己的目标放低一些,用善意的沟通化解抱怨,用自身行动将抱怨转化成动力。

多一些赞美,多一些知足。对于亲近的人要多赞美,少一丝苛刻,就会发现自己对这个世界的宽容,使你收获了一份淡定从容的心境。

4. 理性克制,杜绝冲动盲目

冲动是魔鬼。冲动的情绪是不理智的表现,往往会使我们做出后悔莫及的决定,将我们带入深渊。保持一颗平常心,遇事冷静,将冲动扼杀在摇篮中,就会避免其后续的破坏力。

可以说,冲动的天敌是克制,而克制是从容的女性必须要拥有的。不冲动,为冲动穿上理智的外衣,学会用理性压制自己的冲动情绪,这是一种成熟的体现。在遇到麻烦时,不妨先将事情抛到脑后,深呼吸,强迫自己冷静下来再思考对策。自己的一点点小克制,往往令自己变得更加强而有力。

5. 谦逊的汲取知识，将从容的种子播种在知识的沃土之中

优雅的女人，必定是心灵纯净的人。在读书中获取智慧，是净化心灵的最好途径。"腹有诗书气自华"、"书中自有黄金屋，书中自有颜如玉"，一个心中怀有书香气的女子，必然不会是肤浅、目光短浅的人，因为她的心灵存放着一池净水。所以，要想从容优雅，就应该多读书，不断充实自己的内涵，使自己拥有一个富饶的精神世界。

与优雅从容的人交谈，你能感受到她足够的亲和力，在平常的闲谈中为她的内涵、修养所折服。没有什么困难能让她陷入慌乱，镇定自若地思考、采取行动，再从容不迫地接受事情的结局。这样的女子，内心都有一颗不屈于世俗的心，她们努力提升自己，妩媚与坚毅并存，在任何场合都会抓住众人的目光。

有一句名言："一夜之间可以出一个暴发户；但三代也不一定能培养出一位绅士。"

绅士不可能一夜之间塑造而成，同样，优雅从容也不能急于求成。它不同于化妆，在短时间内就可以见到成效。从容是一种长时间的文化、素养的积累，需要时间来沉淀。但同样，不同于化妆只能维持一时的美丽，一旦我们拥有了从容的心态，一辈子都会受益，令我们一生美丽。

还能不能
一起快乐地玩耍

有人说,"一个没有幽默感的女人,就像鲜花没有香味,只有形,没有神。那外表的光鲜,让人感觉就是少了一口气。"这样的说法虽然有些夸张,但不可否认的是,幽默确实是女性气质的有效催化剂。

古典的传统女性,不论是书卷中的还是现实生活中的,大多温婉、妩媚,令人感到清尘脱俗、如沐春风。但我国女性普遍缺少一点灵动的气质。对比古今中外,我国的女性似乎总少了一丝灵气,多了一分庄重。

这是因为我国古代女子遵守闺阁谨训,虽然拥有智慧,却不善交际。如果一个女人,她既温柔妩媚,又善于交际,同时也拥有不失大雅的幽默,那么她一定是非常吸引人的,与她相处必然是轻松愉悦的。

因此,幽默感对一个女人的魅力值无疑是锦上添花的。

懂幽默的女人,在他人面前展示出来的是一种优雅的气质,一种豁达的心态,一种秀美的内涵。曾经有一个故事,女人将她的结婚证书装进档案袋中,交给她的丈夫,档案袋上不无幽默地写着四个字:长期饭票。幽默的女人充满智慧,将尴尬和冲突融化在盈盈一笑中,用调侃的戏谑态度使生活充满温馨和情趣。

幽默的女人大多性格开朗，懂得人情世故，所以也有人说"幽默的女人一定不会是愚钝的"，能真正做到在逆境中保持平常心，从容淡定，坦然面对的女人，又怎么能说她们不是聪明的呢？

幽默是一种特殊的情绪表现。它可以淡化人们的消极情绪，使人们更好地适应环境，它也是人类面临困境时减轻精神和心理压力的方法之一。

俄国文学家契诃夫说过："不懂得开玩笑的人，是没有希望的人。"具有幽默感的人，生活中往往充满了情趣，能够将生活中许多难以承受的痛苦，转化成可以轻松应付的小包袱、小烦恼。不仅用幽默来处理自己的烦恼，还会使身边的人感到轻松、友好。

"一个具有幽默感的人，能时时发掘事情有趣的一面，并欣赏生活中轻松的一面，建立出自己独特的风格和幽默的生活态度。这样的人，容易令人想去接近；这样的人，使接近他的人也分享到轻松愉快的气氛；这样的人，更能增添人生的光彩。"

幽默是思想、智慧和灵感的结晶，主要体现在风趣的语言风格，是人内在气质的外化表现，在人际交往、交流中有很重要的作用。

幽默会激起听众的愉悦感，活跃气氛。幽默的话语使交谈者心情愉快、舒畅，在欢声笑语中拉近彼此的距离，更有利于感情的交流沟通，消除陌生感。轻松的气氛不仅令人心神放松，也会让事情简单化，不至于节外生枝。

幽默可以打破僵局，使事情出现转机。商场上有很多案例，双方陷入尴尬的僵局困境时，一个小小的幽默既不失优雅，令众人会心一笑，又可以将剑拔弩张的现场气氛平息下来。用幽默化解紧张和冲突的人，在人际交往中显得游刃有余，容易获得更多的朋友。

幽默有利于塑造交际场上的良好形象。幽默的风格会让你在众人中脱颖而出，给他人留下风趣的良好印象。幽默是通过轻松的形式表现你的内在涵养、智慧，在欢笑中给人启迪，让人领略你的才华，看到你与众不同之处。

所以幽默，是人生必不可少的元素。对每个女性来说，幽默风趣的语言风格固然受天分的影响，但更是后天的习得。女性应掌握一些构成幽默的方法，并在语言表达中加以运用。

那么，女性应该如何培养自己的幽默感呢？

首先要有一个积极乐观的心态。乐观的心态是幽默的基础，也是必要条件，整天颓废悲观的人是无法留出幽默的心情的，幽默不仅能娱乐他人，首先应该娱乐自己，发自内心的快乐才能感染他人。

拥有一颗平常心，提高自己的抗挫折力，面对挫折仍然能积极向上。

其次，自信也是必要因素之一。幽默并不是所有人都能接受的，很多时候会迎来嘲笑，而真正懂得幽默的人会运用自嘲，以自我嘲讽的方式取得幽默的效果，这种自嘲实际上是建立在自信的基础上的。

要培养理解能力。我们不仅要制造幽默，还需要理解幽默。幽默很多时候不是平白的表达，而是蕴含智慧和讽刺的侧面或反面表达，如果理解能力不能与交流者一致，就难以欣赏到他人的幽默，使气氛变得尴尬。

要有良好的语言表达能力。幽默风趣的语言风格往往需要新奇、精辟、准确的词汇加以呈现，内涵是中心，词汇就是载体，贫乏无趣的词汇也达不到幽默的效果。多看一些幽默的故事、真人事例，与他人接触时多借鉴学习他人的语言表达方式，丰富自己的词汇、训练思维能力，幽默就会在需要的时候脱口而出。

丰富自己的知识。拥有广博的知识才能够不拘泥于传统的幽默段子，而是自己开辟一块想象空间。知识丰富的人也更容易理解他人的幽默。

实际上，多与人交往是提高幽默感的最有效途径。纸上得来终觉浅，我们看了再多的脑筋急转弯、幽默故事，不在实际中运用是不行的。与朋友相处时，听听他们的幽默，让他们给自己提一些意见，很快就能理解该如何在不同的场合运用幽默。

幽默是生活的调味品，气质的催化剂。拥有幽默的女人就像为自己设计了一件独一无二的发饰，对自己的魅力值只增不减。幽默可以给自己、给家人朋友，甚至是给素未谋面的陌生人带来笑容，传递内心的喜悦。懂得幽默的女人懂得如何活出自我，自己把握自己的欢笑。我们为何不放下苦涩，用笑眼去重新欣赏这个世界呢？

对自己的爱
很简单

习惯，是指积久而成的生活方式。

魏书生曾在一次演讲中提到："行为养成习惯、习惯形成品质、品质决定命运。"

生活习惯，是我们每个人在日常生活中不断累积形成的一种生活作息规律，它体现了我们的生活态度，决定了我们的生活品质，甚至除了生活层面，它还可以影响到事业、爱情等各个方面。

生活习惯能够真正体现一个人的品质。

生活习惯不仅是内在品质的外在表现，更是我们身体健康的基本条件。拥有不良生活方式的人，他的健康必定会受到危害，如抽烟导致呼吸道、心血管疾病，长期的熬夜导致生物钟紊乱、减弱人体免疫力……这些生活中看似不经意的小习惯，实则危害一生。而健康合理的生活习惯，能在保证身心健康的基础上，为我们更加精力充沛地投入工作学习提供了有力的保障。

一个良好的生活习惯本身就是一种价值，是支撑才学能力的基础，是拥有健康的保障。缺少了这种基础和保障，我们就无法实现真正的人生价值。

但生活习惯绝不是一蹴而就的。行为心理学的研究显示：某一动作行为重复三周以上会形成习惯性动作，三个月以上的重复会形成稳定的习惯。所以任何一种生活习惯都不是一天养成的，及时意识到生活习惯的好坏，坏习惯及时改正，好习惯坚持下去，久而久之，整体的生活习惯就会趋向好的一面。

一个优雅的女性，不能只顾着包装自己的外表，而应该注意生活方方面面的细节，将自己的内在打理好，举手投足间，让馨香气质从心而发。生活中女性应该做到的良好生活习惯有哪些呢？

1. 保持合理作息，给自己定一个规律的睡眠时间

在现代社会，加班就和家常便饭一样，那么除去这些无法避免的因素，在可以自由支配的夜晚，你是不是也能保持一个规律的睡眠呢？给自己定一个合理的时间，放下手机、关上电视，洗完澡在床上做一个面膜，回想一下这一天的生活，放松身心中进入梦乡。

研究表明，晚间在9到11点入睡，睡眠质量会远远高于12点以后入睡，充足的睡眠不仅对女性的皮肤有天然保养作用，对次日的工作学习效率也有显著的提升。

2. 每天都要吃早餐，提前想好第二天的早餐

清晨时分我们的胆囊会开始大量分泌胆液，而这些胆液需要食物来进行消化。如果我们长期不吃早餐，胆液会累积到一定程度形成胆结石或导致其他疾病，所以早餐对身体健康非常重要，它是一个良好生活习惯的保障。

不妨在前一天的空闲时间。思考一下第二天早上的早饭，提前订好计划，不至于因为时间上的仓促而放弃早餐，得不偿失。

3. 每天刷牙两次，用盐水漱口

牙齿是笑容的加分点，尤其对于女性，一口洁白整齐的牙齿会增添自身魅力。坚持早晚刷牙，既保持口腔清洁，又能使牙齿保持洁白。刷牙后用盐水漱口可以消灭口腔绝大部分的细菌，预防口腔炎症。

4. 随身携带口香糖，饭后嚼一嚼

外出应酬是无法避免的，有些时候应酬只是工作前的前一步骤。我们无法保证菜品是否会在口中留下异味或是残渣，而在外出中不方便刷牙，这时候口香糖就是个不错的选择。不仅保持了口腔清新，还会清除口腔残渣，让我们不会在接下来与别人交谈时遇到尴尬。

5. 每天都要食用水果

水果中含有大量的维生素和微量元素，适量食用水果会促进人体的新陈代谢。会保养的女性会坚持吃苹果、香蕉等，这样不仅对肠胃消化有好处，对于脸色暗沉、淡化色斑也有效果。

可以说，坚持吃水果是有百利而无一害的。

6. 安排自己的锻炼计划，坚持每周运动

很多人认为只有身体肥胖的人才需要运动，正常人一天的劳累工作后是不需要运动的。这种想法是错误的，减轻体重是运动的好处之一，而运动更多的是增强我们的体质、放松一天的劳累。

给自己制订一个锻炼计划，不仅仅是跑步，可以根据自身兴趣和时间选择瑜伽、跳绳、游泳等等，一周至少运动三次，保证身体不会被成日的劳累压垮。

7. 给自己留出读书的时间

知识是无止境的，活到老，学到老。前文讲过读书对女性提高自身修养、提升魅力的重要性，真正优雅的女性一生一定是有书作陪的，不论有多忙，都应该给心灵留下一点时间经受书籍的净化。

做面膜的时间、泡脚的时间，这些休憩的时光哪怕只有十几二十分钟，都不妨捧起一本书，感受一下书籍带给我们的愉悦。

8. 一周坚持做一两次的面膜

护肤是每个女性都需要注意的事情，如果经济条件允许，去美容院按时做皮肤保养是最好的选择,但大多数年女性都没有富足的经济和充裕的时间,所以在家里做面膜是绝大多数女性的选择。

除去片状面膜,珍珠粉、蜂蜜、鸡蛋、芦荟……这些简易的材料都可以自制成面膜,定时给皮肤做护理,使皮肤保持水分充沛,整个人的气色也会变好。

9. 按时和父母联系

工作后,与父母分居成为了必然,可是"儿行千里母担忧",不管我们身在何处,这个世界上最关心我们的仍然是父母。将自己的生活喜悦分享给父母,不仅是让他们消减思念,更多的是放下悬着的那颗担忧的心。

如果不能经常回家看望父母,也要按时给他们打电话报平安,最好记在备忘录上提醒自己,不要让远在家长苦苦等待。

10. 即使一个人生活,也要注意生活细节

除去日常生活规律,许多细节也会影响生活层次。触摸电脑、金钱后记得及时洗手,预防细菌残留在皮肤上;早晨起床后记得叠上被子,这是保持干净整洁的生活环境的第一号;毛巾、枕巾等用品定时清洁晾晒,避免滋生细菌;准备一个储蓄罐,每天积攒一点,培养自己的理财观念……

这些一点一滴的细节固然琐碎,但只要我们自觉地、有意识地培养和坚持,就会成为我们生活中一种自然的习惯。

乌申斯基这样评价生活习惯:"良好的生活习惯乃是人在神经系统中存放的道德资本,它将在不断地增值,而人在其整个一生中就享受着它的利息。"优雅的女性有一个良好的生活习惯,会使她的一生都活得精致、典雅,这种影响不会是短暂的,而是可以持续一生的。

| 第五章 |

一个女人一定要有
自己过好日子的能力

也许
真情从来都是被辜负
只有薄情才会被反复思念

在传统观念里，优雅女人永远都是理性的。她们穿着合体的华服，端坐在高处，用冷静的眼光看待一切问题，从不因外界的纷扰而失去分寸，永远都保持微笑。这个想法其实太过于片面化，难道优雅的女性就不可以感性吗？

感性是指人的情感丰富，能对别人的遭遇感同身受，对事物的变化有敏锐的感知，此外还包含着人的知性、善良等特性。感性不是不经大脑的冲动，也不是完全跟随情绪和感觉而行。感性是首先有一个正确的认知，再带着感情去审视，从而表现出来的一种生活态度。

理性作为感性的对立面，数百年来逐渐成为人们所推崇的一种思维和生活态度。拥有理性思维的人，往往遇事冷静，沉着应对，看待事情比较客观，不受内在情绪的影响。但理性并不是独立存在的，它也需要感性思维作为基础，离开了感性，理性就犹如无源之水、无本之木。

感性是一种直觉，一种率真，一种毫不掩藏的生活态度，促使我们将情感自然地表露出来。

感性是有人情味的善良。为朋友的离别而伤感；为电影情节而感动；因为情人的一点点体贴而感到幸福；愿意向路边求助的陌生人伸出援手……这些生活中的温暖就是感性的体现。

感性是女性天生就被赋予的礼物，这种与生俱来的情感倾向让我们在成长过程中不断演化出更多美好的品质：善良、温暖、知足……这些美好品质保证了我们在今后的一生中都可以保持笑容。所以感性并没有什么不好，我们不应该带着厌恶的情绪拒之于千里。

生活中女性的感性，更多地体现在真性情上。工作上认真踏实，生活中从不抱怨；讲究朋友间的义气，遇到看不惯的事会打抱不平，将自己的私利抛在脑后；与人相处豪爽潇洒，不拘小节，不畏惧、不在意他人的眼光，将生活过成自己想要的样子。

你或许会说，这不就是"女汉子"吗？

我们对"女汉子"无疑带有或多或少的成见，因为这本该是女性的常态，却被扣上"汉子"的帽子，好像她们是男性的模仿者。其实也可以反过来问自己，为什么这些品质被男性理所当然地占有了呢？

王跃文《我不懂味》中有这么一段话："世上如果还有真要活下去的人们，就先敢说、敢笑、敢哭、敢怒、敢打。我真情愿妇女们首先做到如鲁迅所说的敢说、敢笑、敢哭、敢怒、敢打，哪怕她们因此变得不那么可爱，她们至少能以自己的头脑去思考，以自己的心灵去感受，是一个有真生命、真感情的独立的人，能自己把自己当人看。"

这段话有些夸张，但不得不承认，我国传统观念里的女性就是软弱、怯懦的代名词，稍有些真性情的女子就是被认为没有女人味儿、失去了女性独特的魅力。把这种思想带到如今的21世纪，就显得迂腐落后了。优雅的女性也可以真性情，现代社会的真性情往往更显得优雅。

怎样做到优雅的真性情呢？

1. 真性情的女性遇事从容淡定

我们对人生的理解，是通过不断的人生磨练得出的经验，随着时光的流逝，逐渐对所有事情都保持平常心，从容对待突发状况。

保持一颗平常心，遇到事情在认知的基础上代入自己的情感，胸怀温暖地处理事情。

2. 真性情的女性拥有自信

积极乐观地面对生活是真性情的基础，只有真正自信的女人才能笑对挫折，拥抱未来。当然女人也要有适度的自我，坚持自己的立场、原则，在这个喧闹的社会中站稳脚步，不随波逐流。

如果自己都无法信任自己，他人就更加无法信服你的能力，所以真性情的第一步就是培养自信心，用自己的乐观感化他人。

3. 真性情的女性对人友善，富有责任心

对所有人都很友善，这是善良的表现，也是对自我责任感的坚持。

我们在这个世界上有许多身份，儿女、家人、朋友、同学等等，对父母孝顺、对恋人体贴、对朋友真诚，善待他人就是履行自己所扮演的角色责任。但更多的是不要忽视自己，加倍爱自己也是责任心的体现。

4. 真性情的女性懂得宽容，心胸豁达

宽容一时很容易，但做到宽容一世才真正让人敬佩。遇到事情能够心平气和，即使伤及自身的利益也不轻易动怒，这样的女性，更显得亲切体贴，刚柔融为一体，更容易为同性和异性所接受。

宽容的女人，就像浊闷空间的一扇窗，送进人心缕缕凉风和清新。对待他人的错误，多一些宽容和谅解吧，有时候宽松比严惩更具有教化意义。

5. 真性情的女性懂得权衡，保留自己的天性

女性在步入社会后，往往会将自己全部投入到事业和家庭中，毫无保留地奉献自己的价值，逐渐在操劳忙碌中遗忘了自己。

能在这种一味的付出中学会张弛结合、适时放松是很难得的。真性情的女人懂得留住自己的天性，始终保持自己的独立价值和魅力，挤出时间或是读书或是绘画，将世俗的烦恼忘却脑后。

在越来越冰冷的世界，希望你我还能始终保持心脏的温热。做一个真性情的人吧，哪怕一眼识破路边乞讨老人的骗局，也出于严寒天气里对老人的怜悯掏出一枚硬币；哪怕所有人都在虚与委蛇，也要有敢于站起来说真话的勇气。

也许，越来越多的顾虑和牵挂会束傅我们奔向梦想的脚步，但是不能停止，要一直保持向前。做一个敢说、敢笑、敢哭的真性情的女人，只要能平稳驾驭人生的小舟，不妨多一点感性。

生命的独一无二会告诉你，至少为自己活一把。

花草
让你乐而忘忧

日本一位植物学者说，没有文化的原始地方，是不会培育花的。养花的文化中心，世界上只有两个，西方是从希腊到罗马乃至整个西欧，东方是中国和日本。

花草是一种文化，它超越了人类原始生存的功利性需求，直接进入人的精神生活。对花的态度，反映了一个民族的文化格调。

欧洲的很多乡村庭院都充溢着田园风味，好似每家都住着一个别具匠心的园丁，英国更是被称为"花痴之国"。上至王室，下至平民，都热爱花草，英国寻常百姓家也总有一片"自己的后花园"。

日本人观花，是在落花的一瞬中感悟人生无常，正是这种人生无常的感悟，打开了日本人的"物哀"之眼，在插花仪式中观花悟人生，形成了日本特有的花道精神：人生如花开花落般短暂，与其"赖活"，还不如以美的盛姿，去装点生命的一瞬以求"好死"。如果武士道是日本人的手背，那么花道就是他们的手心。

花草，就像爱情一样，需要经常去呵护和修整，才会精巧别致、历久弥新。侍花弄草，不仅可以美化环境，而且可以增添生活情趣。每天要照料它，定期给它浇水、施肥、剪枝、培土，关心它的冷暖，不知不觉中磨砺了性情，锻炼了手脚。闲暇之余侍弄花草，徘徊于花木之间，欣赏花卉的色、香、韵、姿，以悦目怡神，乐而不疲。

心情不好时，鼓捣鼓捣绿植，也可以平复自己的心情，在花草间忘记自己的忧虑。

经常从事园艺劳动的人较少生病，这是由于花草树木生长的地方，空气清新，氧气充足；同时，经常醉心于种植、培土、灌水、收获，容易忘却其他不愉快的事，从而调节了机体的神经系统功能，为防病和治病的自愈，提供了有利的条件。

将凋零的花朵晒干做成书签，每每翻开书页，那种芬芳就在鼻尖心头萦绕。或是将花朵摘下晒开，自制花茶。在一个静谧的午后，坐在自家的小庭院里，沏一壶花茶，手里擎着通透的杯子，偶有清风拂过，满架的花香实为人生之妙。

一件成功的插花作品，并不一定要选用名贵的花材、高价的花器。一般看来并不起眼的绿叶、一个花蕾、路边的野花野草，甚至常见的水果、蔬菜，都能插出一件令人赏心悦目的优秀作品来。

插花艺术在我国源远流长。它大多只是为满足主观与情感的需求，亦是日常生活特殊的娱乐方式。插花源于古代汉族民间的爱花、种花、赏花、摘花、赠花、佩花、簪花。

所插的花材，或枝、或花、或叶，均不带根，它们只是植物体上的一部分。插花不是随便乱插的，而是根据一定的构思来选材，遵循一定的创作法则，插成一个优美的造型，借此表达一种主题，传递一种感情和情趣，使人看后赏心悦目，获得精神上的美感和愉悦。

插花的过程需要很大的耐心。插花可以让你沉浸自己的内心，培养你的审美，不知不觉间提升你的气质。日本人将插花作为修身之道，对插花抱着一种尊敬的心情和虔诚的态度，从中寻找一种哲理。

在这个世界上，最不缺的就是年轻貌美的姑娘，缺的是有气质、有才华的精致女人。物欲横流的今天，我们的内心也被沾染地愈加浮躁，欲望越来越多。我们总是在要求别人，却忘了提升自己的内在。我们用化妆品来堆砌自己，用奢侈品来覆盖自己，而内心却成了一座空城。

塔莎奶奶曾说过："现代人过于忙碌。黄昏时，不妨坐在阳台的摇椅上，一边喝着甘菊茶，一边倾听鸫鸟清亮的鸣叫声。这样，每天的生活，一定会变得更快乐啊。""我们真正想要的，并非物质，而是心灵的富足。"

不过，大多数人都觉得没有塔莎奶奶那样的条件，没有时间也没有机会过那样的生活。其实我们不一定要做塔莎奶奶，只要怀有同塔莎奶奶一样的生活态度，就可以为自己创造令人愉悦的生活氛围。

这个世界已经够为难你了
就不要再为难自己，喝喝茶不好吗

苏东坡的一句"从来佳茗似佳人"，将女子与茶的关系写到了极致。茶是万木之心，生于青山，长于幽谷，承微雨清露之情，沐山灵水秀之意，才能呈现女人的万种风情。女人的品性不与之相似吗？或温婉，或热烈，或聪慧，或优雅……观之如画，闻之如花，品之如饴。

茶过几巡，像是女人的一生，涩是青春滋味，苦是半生基调，弥漫的香气是岁月溢出的欢乐与幸福，而留在唇齿间的甘甜则是最终的了悟与所得。或许只有深谙茶之秉性的女人才能呈现出与之呼应的美丽。

人在尘世中，总免不了烦忧苦恼，但每每静坐于茶席间，心灵便获得了片刻的宁静。

即使身处闹市，心也能与外界隔开，筑成一座安静的城，城里只有自己。任城外喧嚣繁华也好，冷漠荒凉也罢，我自不为其所扰。

随着女性更加注重自身气质的修炼，有很多人开始研习茶道。古茶道意境优美、典雅非凡，细分为净手、温壶、入宫、洗茶、冲泡、封壶、分杯、分壶、奉茶、闻香、品茗十二道程序。

在传统道家思想中，喝茶能静心、静神、习礼、养生，于是自古文人墨客、才子佳人无不以茶陶冶情操，修身养性。

首先是茶品，《红楼梦》里的几种茶堪称茶中的精品，如枫露茶，可能属于特种茶品吧。再如六安茶（产于安徽）、老君眉（即君山银针，产于洞庭湖）、普洱茶（产于云南）、龙井（产于杭州西湖），都是我国著名的茶品，在古代都是贡茶。而龙井，先入口味苦，转而回甘，香甜可口。

其二，是泡茶的水，好的茶要用好的水来泡才能显现出其特殊的品质。《红楼梦》里说到泡茶的水，最突出的莫过于第四十一回《栊翠庵茶品梅花雪》里妙玉招待贾母一行中所用的水。她给贾母上的茶是用"旧年蠲的雨水"，招待黛玉、宝钗、宝玉时用的是五年前她在玄墓蟠香寺住着时，收的梅花上的雪，用鬼脸青的花瓮埋在地下"今年夏天"刚取出的！虽然按现在的科学来说这种做法并不一定可取，但在当时肯定是极其罕见又极其高档的"茶水"了。茶所用之水以泉水为先，井水次之。泉水汲取了天地之灵气，自然之精华，泡出来的茶自有其独特之处。

其三，是茶具。好马配好鞍，美女配英雄。这好的茶好的水，同样也需要好的茶具相配。泡茶所需的器皿首推紫砂壶。一把精致的壶，借着它仅有的方寸之地，可打造出一个灿烂的世界。用紫砂壶泡茶由来已久，在康熙年间尤为盛行，紫砂壶可以把茶的清香发挥到极致，最为神奇的是上等的紫砂壶泡茶时间久了，就算以后不用茶叶仍能泡出沁人心脾的茶香。

其四，是烹茶的火候。茶，讲究的是温而含蓄。温火泡茶，才最能代表茶叶的精髓。温又通中庸，适宜佛教的博而通泽。茶叶积香淡散，第一杯通常弃掉，因其味苦而涩。尤似人生少不更事，愣而不知进退。而后，逐香渐郁，人生也开始丰和日盛。

而后，便在于品茶。古人品茶讲究三步：一闻二品三饮。泡好的茶在刚掀开盖时，一股清香便弥漫了整个房间，再探鼻一闻，深吸一口气，茶香顿时贯穿全身。然后张开小嘴深抿一下，仔细品味，然后慢慢喝下，茶刚喝时味有点苦，可随后便是甘甜，苦尽甘来嘛。

文人墨客，清茶一杯，谈风论雅；芸芸众生，一茗在手，亦是海阔天空。平易近人，宁静淡泊，雅俗共赏，这就是茶之性，茶之品。所谓"茶亦醉人何必酒，书能香我不需花"。

都市女性一般以喝花茶居多，花茶没有其他茶品烹制的烦琐，而且有益于女性的身心健康，在提高身体免疫力之外还能帮助消化，放松心情。

在日常饮食中，饮用一些合适的花茶有助于女性养颜美体，起到一定的保健作用。比如许多女性推崇的玫瑰花茶和茉莉花茶。

常喝玫瑰花茶可以滋润皮肤，祛除黑斑，改善肤色，达到美容养颜的功效，同时对女性痛经、月经不调等症状都有辅助治疗作用。玫瑰花干有促进乳腺发育的功效，长期使用有丰胸的效果，迷迭香和粉红玫瑰可以促进乳腺发育。

茉莉花茶有"在中国的花茶里，可闻春天的气味"之美誉。茉莉花茶中的咖啡碱成分比较丰富，而且还蕴含了大量的丁香酯化合物，对于有痛经的女人来说，会有很大的缓解作用，能有效调节女性的生理机能。

脾胃不好、肝火旺盛的女性，不妨多喝茉莉花茶。茉莉花茶清热解表的作用可以达到显著的健脾养胃功效。

花茶宜于清饮，不加奶、糖，以保持天然香味。鲜花的泡制过程和所使用的器皿均没有泡茶那样繁琐讲究。你只要稍微清洗下花瓣上的灰尘，备上一个晶莹透明的玻璃器皿，将花瓣放进去，用沸水冲开，稍候片刻，一股花香便伴随着袅袅升起的水汽洋溢开来，在空气中荡漾，不由得令你心旷神怡。

匆匆岁月中，静心品一杯香茗，茶香氤氲间，寓人生于茶中，不论风雨、沉浮，皆能持淡然之心，足矣。

我很忙
但愿意一直为你有空

我们常常不快乐，不是因为缺衣少食，也不是因为流浪街头，而是由于我们内心缺乏对生活的热爱。只有了解生命的意义才能更好地与生活相拥。

高楼大厦、钢筋水泥让人与人之间的友情降温，人与人之间的不信任感让人有苦无处诉，想找个愿意倾听、值得信赖的伙伴都略有艰难。这时候很多人选择养宠物来打发生活的寂寞。

宠物可以给人带来安全感，缓解内心的忧郁、压力和烦恼等，通过对宠物的爱可以慢慢激发人对生活的热爱。

女人天生就缺乏安全感。小时候，安全感来自父亲宽厚的肩膀，长大后，安全感来自所爱的人。请对她耐心多一点，笑容多一点，因为她迫切需要一份属于自己的安全感。

有时候爱情总是在绕圈子，你的白马王子也不会在你需要的时候恰好出现。爱情的缘分可遇而不可求，但是宠物的缘分就相对简单得多。只要你和它分享你的爱，它就会回馈你更多的爱与感动。

忙碌的生活中，烦恼往往不期而至，有时候真的很需要一个可以倾吐的对象。如果把全部的牢骚都向恋人或朋友倾诉，时间一长，难免会令他人疲惫和烦躁。但是向宠物倾诉，或者通过拥抱宠物来排解苦恼，它们是没有任何怨言的，还会很认真地倾听。

所以，宠物能够帮我们排解内心的压抑和抑郁。它们见到你时总是很高兴；在你情绪低落的时候，它们会用行动来安慰你，告诉你你是有人疼爱的也是被他人所需要的。这时，你就会情不自禁地做出反应，与它玩耍，你的心情也会有所改善。

梅艳芳曾经说，自己小时候没有很多朋友，哥哥要工作，妈妈要忙着赚钱养家，她又没有弟弟妹妹，人很寂寞，自小习惯养狗做伴。梅艳芳养了三条狗、两只猫和一只鸟。三条宠物犬在她患病期间一直守护着她。

说到自己养了十几年的猫，她竟有深深地依恋："我开心不开心，它都知道。"

女神伊丽莎白·泰勒非常喜欢动物，她一生中拍摄了无数与猫咪在一起的照片，而且全都与她的电影《热铁皮屋顶上的猫》无关。

养宠物是一种个人爱好，也是一种社会现象。只要不干扰他人或是违反法律，每个人都有养宠物的自由。其实，有的人养宠物，不但自己心情愉悦，也能给周围的人带来快乐。就比如，有人养了会说话的八哥、会鸣叫的百灵等，谁听了都是一种享受。

养宠物需要很多耐心，同时也可以收获很多快乐。宠物有时候就像一个孩子，需要人的贴心陪伴。如果你没有足够的耐心就不要轻易将宠物领进家门。

养宠物之前，先带小宠物去医院体检，并注射相关的健康疫苗，这是对自己和宠物都负责的表现。发现宠物没精打采的时候，最好带它到宠物医院检查一下，有空的时候也多陪陪它。人类的陪伴对于宠物来说是最好的礼物。

训练宠物的基本生活习惯，比如在哪进食、在哪睡觉、在哪排便等，这可以给你减少很多不必要的麻烦。宠物的排泄物要迅速打扫干净，不然会滋生许多细菌，可能危害爱宠的健康。

保持宠物的身体清洁，勤给宠物洗澡、修建指甲、剪毛发、接种疫苗等，宠物的小窝也要经常打理。保持宠物生活环境和身体的清洁，可以预防一些疾病的侵袭，避免爱宠受病痛之苦。一个漂亮干净的宠物可以为你的生活加分不少，因为你的审美也能通过宠物体现出来。

可是，有些养宠物的人却很不负责任，他们养宠物是心血来潮。看见别人养狗，觉得好玩，自己也想养一条狗；养上几天，过了新鲜劲，就随便丢弃了。现在，大街小巷里奔跑着那么多流浪狗，就是这些人的杰作。

在美国一家动物收容所，一名义工摄影师举着相机，流着泪水，替一条即将安乐死的狗拍照。然而镜头前的狗，不知道自己的生命即将被迫终止，于是面对镜头仍露出灿烂的笑容，彷佛被从前疼爱它的主人拍照那样。坐在相机面前，摆出招牌动作，只可惜当初的主人已经遗弃它，它也即将告别这个世界。

动物像人一样，也有生老病死，要养就要负责任。宠物死亡之后，要尽我们的能力做好后事。可以把爱转移给另一个动物。

宠物，首先是一个生命。我们养宠物的同时，就是承担起了对一个生命的责任。它们不是玩具，也有生命和情感，不要像玩具一样，玩腻了就不管了，甚至就直接遗弃它。

有兽医曾说，猫猫在野外也许能生存三个月，但狗狗仅能生存一个月。作为家养宠物的它们，在野外很难存活。

流浪的日子真的很苦，请不要因为一时疏忽而遗失爱宠，更不要随意将它们遗弃。它们是生命，是家人，不是玩具。

让我们一起做一个有爱的人。如果可以，请认真考虑后，负责任地给它一个永久的家；如果不可以，请善意待它，不要伤害它。宠物不是玩具，它也是一个生命。

我去
朋友圈也分三六九等吗

女性主义作家伍尔芙说：女人要有一间"自己的屋子"。每位女性都应该有自己的社交圈。

我们并非在孤岛上生活，任何人都不可能做独立的绝缘体存活一生。朋友可以为我们分担烦恼和忧愁，当我们在生活中遇到了挫折，往往正是朋友的陪伴和开导带领我们走出困境。所以维系好朋友之间的感情联系，始终保持亲密和互动，才会在我们面对困难和挫折时，不至于孤立无援。

维护社交圈，我们需要注意哪些方面呢？

真诚是第一要素。朋友之间的感情无法虚假，中国有句古话："你要别人怎样对待你，你就必须怎样对待别人。"只有诚心相待，遵守信用，才可以以心换心，得到他人的真诚回应。

其次是要体现自己的价值。任何人花费大量时间与别人交往的前提都是认为这个朋友对自己的发展有价值。人各有长，不同的朋友互相提供帮助，这才生成了社交圈。

第三是保持轻松愉悦，让自己与他人都感到轻松。人们总是倾向于与自己性格相近的人交朋友，这似乎成了社交圈的法则。这是因为每个人都有差异，性情相近往往会使交往过程更为轻松活跃，所以放下自身的身段，与朋友用最舒适的方式相处，感情会在细水长流中慢慢加深。

挑一个休息日的下午，约上几个志趣相投的朋友，一起外出逛街、聊天，或是进行一些花艺、健身活动，这样的休闲不仅会让你平日里绷紧的神经得到放松，也会让你的社交圈更加稳固。

除了要拥有独立的社交圈，及时更新社交圈也是必不可少的。

一个固定的社交圈当然可以培养深厚的情谊，但也有局限性，譬如时间上的不合可能会导致原定计划泡汤。多一个社交圈，你便多了一份选择。不同兴趣爱好的社交圈会为你提供更多的兴趣发展方向，实现自我的全面发展并让生活更加丰富多彩。

那么，如何更新自己的社交圈呢？

第一，要始终保持对新鲜事物的积极态度，不要将自己封闭在已有的兴趣爱好上。拥有兴趣爱好不一定要达到登峰造极的成就，只要能从中获得乐趣即可。敞开心扉、大胆去尝试新事物，不仅可以认识新的朋友，扩大社交圈，还有可能收获一个新的兴趣技能，何乐而不为呢？

第二，积极参加群体性的社交活动，比如舞会、露营、登山、健身等等。这些群体性强的活动，会使你在合作中收获友谊，结交不同领域的朋友，扩展自己的社交圈。除了积极参加活动外，自己也要主动与他人接触、交流，你向别人抛出了友谊的橄榄枝，就会收获友谊的硕果。

第三，善于通过自己现有的朋友圈结交更多的朋友。在聚会、出游中，通过共同的朋友介绍而认识新朋友，这也是现阶段最为普遍的更新社交圈的方式。人们在人际交往中往往存在一种倾向，即更乐于接近对于自己较为亲近的对象。亲近的对象，通常是指那些与自己存在某些共同之处的人。朋友之间的联系就像一张网，抓住你们共同的兴趣爱好、相近的生活习惯和人生经历,这张网就会更加紧密。

第四,要给他人留下一个良好的印象。心理学中有一个"首因效应",也称为"第一印象作用"和"先入为主效应"。第一印象的作用强度,远远高于以后得到的信息对于事物整个印象产生的作用。热情大方是女性社交最好的名片,真诚的态度会更容易让别人接纳你,交朋友亦是。彬彬有礼的举止、谈吐得当的表现、适当而不过分的关心体贴,会给他人留下良好的印象,自然而然就会拉近彼此的距离。

但多交朋友并不意味着朋友越多越好,不同的朋友有不同的相处方式。

肉有五花八层,人有三六九等。早有东汉史学家、文学家班固把古今人物归入其《汉书·古今人表》的"九品量表"之中,分为上(上智)、中(中人)、下(下愚)三等。在每个等级中又分为九等。但对于朋友,"三六九等"并不是古人对社会等级的划分,而是我们对不同朋友的心理定位。

当我们交的朋友越多、社交圈越广,学会定位不同朋友的"三六九等"就越重要。

因为我们的精力有限,所以对朋友理所当然会有主观的亲疏之分。每个人都有不同的道德修养、兴趣爱好,能与我们一拍即合、产生共鸣的朋友是很少的。在与这些朋友相处时,你会觉得非常轻松、自然,会更愿意与其相处,久而久之你们的关系就会更亲密。这些朋友在心中应当定位为"上"等。

反之,有些朋友虽然在某一领域比较擅长,但在待人或其他方面有缺陷。你和他在某一爱好上产生交集,但时间久了却发现无法进一步相处,只能止步于共同参与的活动。这样的朋友即是"中"等的朋友。人无完人，这些都是再正常不过的，切忌因为某件事就对一个人下绝对定义。

还有一种朋友，你们之间没有共同的爱好，除去必须的场合需要碰面外，其余时间只是点头之交，鲜少有交集，不需要花费过多的精力去打交道。这种朋友便是社交圈的最后一个等级。

所以，聪明的女性是不会盲目对朋友掏心掏肺的。不是每个朋友都适合交心，思想上的差距决定了相处的模式。只有在心里对朋友有一个明确的定位区分，才会让相处变得更容易。

让自己觉得舒服是
每个人的天赋

一个人快乐，不是因为他得到的多，而是因为他计较的少。

一个人痛苦，不是因为他拥有太少，而是因为他欲望太多。

其实，享受生活的幸福喜乐很简单，只要你把控好应对生活的力度，就能从容地走自己选择的路，关注自己的事。

我们每天为了生计屈就于紧张忙碌的生活，早晨匆匆忙忙起床、吃早饭、化妆，然后匆匆忙忙开车去上班。恨不得给自己上紧发条，一刻也不能停。工作生活中的琐事也经常侵扰我们的思绪，让整个人都处于一种紧绷状态，长此以往，我们难免会陷入情绪失控的深渊。

在朋友圈读过这样一段话："现代社会是一个庞大的机器。贪婪的商业社会和黑洞般的消费主义的完美结合，闭合成小白鼠的滚轮牢笼。赚钱为了消费，消费刺激赚钱，这样无止境的循环以'物欲即是幸福'的谎言欺骗引诱着我们这群小白鼠们，无尽地跑下去，重复着单调无聊的工作，直到生命的终结。在生活节奏日渐加快的今天，清醒地活着比以往更加重要。人如果丢掉了自己的本心，就会一不小心就被卷进这牢笼里去，成为生活的奴役。"

"衣柜里翻来找去却找不到想找的那件衣服；微信朋友圈里各种信息铺天盖地，让人应接不暇；为了应酬，每天像陀螺似的忙个不可开交……"生活中，我们时常会遇到这样的尴尬与烦躁，这种忙碌的生活让我们疲惫不堪。

与其风风火火，不如感受一下柔风细雨。适时放松自己的身心，工作、吃饭、睡觉的任何时候都不要将自己拘束在条条框框中。脸上堆出一个大大的微笑，直起上半身，做个深呼吸缓解一下疲惫的神经，唱一首喜欢的歌，唱不好也没关系，随意哼一下旋律，也可以拯救你焦躁烦闷的心情。

没事的时候听点音乐，放松自己；烦躁的时候做点运动，放松自己；得意的时候加点平静，修炼自己；悲伤的时候来点忘记，淡化自己。凡事别跟自己过不去，永远保持对生活的美好认知和执着追求，学会享受生活，才能更加珍惜生活、创造生活，才不会错过生活的诸多美景。

不是所有的故事都能绚丽你的眉眼，岁月会淡化你的颜色。当你的人生路走得不平顺的时候，不要忘记了，你只是走过这条路而已，走过以后一切只能任时光处置。

总想努力工作认真生活，待人真诚保持微笑。然而，生活中总有些路颇为崎岖，难以前行。抱有太多的期待，梦想落空的时候就难免失落。生活太用力，很容易陷入疲累中。不要为难自己。人无完人，美玉尚有微瑕，如果太过于执着，也容易丧失很多的热情。

遵从内心的想法，选择对你有意义并且能让你快乐的生活方式。对于生活不要有太多的奢求，不要有太多的期望，世事往往与你的期许背道而驰。不要为难自己，只要你做好应该做的事情，就是值得称赞的。

工作固然不可或缺，但也不要把全部的生活供奉给它。正如他人所言："忙碌过后就做一位安静的女子吧！守着寻常的日子，轻轻漫步于四季，静如阳春三月里的温婉，行若夏夜蝉鸣的喧闹，只管自由地舒展。望秋时落叶，一片片安于在泥土上栖居。安静地看光阴在不经意间老去。如此，真好。"

给自己的生活多点留白，才能发现奇迹。忙完学习之后开始拼命工作，总有说不完的追求，忙不完的事情，日复一日地将忙碌充满整个人生。到头来，满满当当的人生，反而成了负担。人往往都喜欢追逐得不到的东西，结果得到的越多，生活越累。理想也好，抱负也罢，都不应该成为人生的重负。知足才能常乐，适可而止才能真正地领悟人生。

不要给自己的生活立下太多规矩，适时享受当下。不一定非要音乐剧的高雅才能衬托生活的与众不同，小众的流行乐也能给你带来好心情。

静下心来做一件事，放空那些让你焦虑的事情，收纳使你平静、让你开心的事。没有多少大不了的事要那么急迫那么用力，轻轻爱，慢慢走。许多事情往往过犹不及，所以不要太用力，久了会变得压抑。

生活有时是低谷、深渊，过多的负重，可能加速坠落，令精神不堪重负。我们虽穿行于攘攘红尘中，但我们不是掮客，不要把一生的背负全紧紧捆在肩上。学会放弃，放下人生的种种包袱，才能过得充实、坦然与轻松。

有些事，不需要去刻意理解，岁月会让你慢慢明了心境；有些情，不需要执着，岁月会慢慢提醒，留到最后的，方显珍贵；有些闲语，不需要理会，岁月会帮你见证人心。人生，活得坦然，沏一杯清茗，冷暖自给，悲喜自酿，那些看似寻常的点滴烟火，是生命最真实的轮廓，需要你用生命之笔，专心描摹，才能熟知珍藏。

需要你花尽心思去讨好的感情
都不会撑得太久

有人说，爱情是一件卑微的事情。当我们遇见并爱上一个人的时候，会真真切切地告诉自己，这个人就是自己一生的挚爱。然后傻傻地追随着对方的影子，惶恐不安地揣测着对方的每一个意思，继而不可自拔地沦陷进去。于是关于对方的一切都是美好的，甚至主观地将周围的一切都赋予鲜艳的颜色。世界不复存在，只有那个人。

当你为一个人魂牵梦萦的时候，很容易忘却自己，全身心投入到别人的生活中去。但是，再卑微的人也有权力选择爱与不爱。

面对爱情，我们不应该放低姿态，更不应该将就一份爱情。

有身边的姑娘问我，自己条件不差，可是却被一个各方面都差于自己的男人背叛，她不知道自己输在哪里。我想张爱玲就是最好的例子，她条件够好，她爱胡兰成她爱得没有了尊严，结果换来的不一样是背叛吗？义无反顾的爱并不是一件很美好的事情，即便在你心中这段感情被渲染得无比美好，但你都不得不面对凄凉的结局。你交出了自己手中所有的砝码，那么你的生死判定也就交给了他人。

在感情里，是没有天道酬勤的说法的，付出并不一定有回报；这不是战场，攻克了某个难关就能赢得他的真心。你辗转反侧，你默默付出，你崩溃哭泣，你卑微如尘，他也许会感动，他可能会不安，可他还是不喜欢你。

与其在一段错误的感情里浪费时间、损耗精力，不如在意识到问题之初就及时逃离，让自己能够重新遇见一段真正在等待你的爱情。

同为民国时期风姿卓绝的女子，孟小冬的性格更为果决。她不是一个依靠容貌娇艳而得名的戏子，而是刻苦求学、闭门修炼唱功而闻名遐迩的"冬皇"。成就了她人生传奇的不仅有她在戏曲上的艺术造诣，还有她生命中两断缠绵悱恻的爱情。其中就有大名鼎鼎的梅兰芳。

她爱梅兰芳，为了他闭门做一个安静的贤内助。然而，貌似"天作之合"的梅孟恋，一直风波不断。当她发现爱情已不复往昔的甜蜜，爱情的本色也不同往昔的时候，她选择离开这场爱情的纠葛。在与梅兰芳分手后，坚决与他再无来往，可谓恩断义绝。孟甚至甩下一句话，"我今后要么不唱戏，再唱戏不会比你差；今后要么不嫁人，再嫁人也绝不会比你差！"

你的委曲求全并不会让他对你刮目相看。女人的姿态即便真的低到尘土里去，也未必能从尘土里开出花来。

爱一个人太过投入，便会为了他没有原则地改变自己，即使改变后的自己是那般庸俗，却心甘情愿无怨无悔。只是当你变成对方想要的样子后，你在他眼里，只不过是一个女人而已，没有丝毫的独特。

感情如果不能建立在平等的基础上，那根本就不能算是爱，勉强得到的爱也只不过是一种廉价的施舍，没有任何意义。强求维持一份已经不对等的感情，一厢情愿地付出，谈何幸福。

记得以前曾经看过一篇文章，文中写道，有些女子她们宁可失去尊严，也不要离开他，她说："我为他付出和改变了那么多，他凭什么说散就散？我知道自己甚至很卑贱，但是我没有办法，因为我爱他。如果让我离开他，那我活着还有什么意义。"

然而，这样你并不会收获让自己心动的爱情。除了让他更加从心底里瞧不起你和厌恶你之外，你们的关系不会因此有丝毫的改变。或许他会后悔，但不是后悔和你分手，他是后悔为什么没有早点和你分手。

要知道求来的爱情是多么的虚弱和苍白，如果是自己的错，那我们没有责怪任何人的权力。如果是他的无情，那痛心的更不应该是自己，你失去的只是一个薄情寡意的男人，而他失去的则是一个今生最爱他的一个人。

你可以好好地对待每一份爱情，但是不要因为爱情忘记生活本来的面目。忘我地爱，最后别人也未必能记住爱里的你。

年轻的时候，他爱你娇美的容颜，那么年老后，你又拿什么来维系你的爱情？所以，就算爱情已经抢占了你的领地，也要有自己的颜色，不要放弃自我修行。

爱一个人，必会用心疼爱，心疼他的冷暖，心疼他的辛苦，心疼他的一切。只是别把心疼变成宠溺，不要事事只考虑他而不顾自己。时间久了，你的宠溺就会变成他的习惯。

一个人的爱，若有十分，那么记得，留出四分。一分爱自己，一分爱亲人，两分用来爱生活，另外六分，爱一个同样爱你的人。只有这样，你才不会爱得失去自我，爱得没有了自己。

能够被你伤的一定都是爱你的，爱得真往往才伤得深。所以，在这个物欲横流的世界，每一个人都要学会保护自己，学会聪明爱，即便你的专属幸福由我独家赞助，也不要爱得太满。

爱情，每个人都要有底线。只要爱情什么都不要，最后一定连爱情也输掉。尊严是爱情里的最后一条底线，幸福的感情是需要一些尊重和原则的。

如果你想得到真爱，就一定要记住.在爱情里永远要做一个有尊严的女子。因为任何值得男人欣赏和爱的女人，首先都是值得尊敬的女人。

一直都买便宜货
你也太浪费了

做一个优雅精致的女人，要懂得生活和享受，爱别人也要学会宠爱自己。小S曾经说过："你应该活得自私一点，才不会有那么多委屈。"因为只有当你自己高兴的时候才能把快乐传递给别人，如果你的生活本来就是黑色的，你肯定不会给别人绿色的感觉。

那些喜欢的人，我们可能买不下来，但是看到喜欢的东西，我们还是可以买下来让它们属于自己的。有人说，女人到了一定年纪就会变成残花败柳，其实无论女人到了哪个年龄段，只要学会爱自己，都可以活得很精彩。

有个朋友，衣柜里堆满了衣服，可到了第二年，这些衣服就统统不能穿了，因为那些廉价的货品，洗几次之后就变形、起球。她并没有因为这样的节省过上更好的生活，每一年，她都在不停地买。

陪她逛街的时候，她都会因为"有点贵"对自己喜欢的衣服望而却步。我劝她说："你咬牙买下来试一次，如果你因为价格放弃自己喜欢的东西，以后肯定会后悔。"

后来她跟我说，那件衣服，过了一年，她依然爱，并且每次穿上都自信满满。那件"有点贵"的衣服并没有让她破产。有时候阻止我们的不是价格，而是我们内心的经济观。她习惯了买便宜的东西，也习惯了认为人生不一定要用最美、最贵的东西装点。

和人交往也是一样，以前她不敢和那些优秀的人深交，因为她害怕别人看出她的缺点，她配不上那样的朋友。可现在她觉得，优秀就像那个贵的东西一样，只要心存理想，不断努力，就有交集。

买点贵的东西，不是奢侈，也不是虚荣。只是你开始相信：你值得买点贵的。就算它们不便宜，就算自己还不是很富裕，也没有什么关系。因为在消费的领域，退而求其次的行为都是不明智的。一分钱一分货，廉价的东西往往中看不中用，中用而无法持续再用，廉价的东西也很容易就被抛弃。

生活的质量是建立在花钱的质量之上的。买便宜货并不能给你带来兴奋感，相反，在去爱这些廉价东西的世界里，你很难找到幸福感，当然也不利于增加自信了。

很多时候好的东西能带给你的回忆远远超过了你付出的金钱，能回忆的越多，你的生活就会越丰富。人到老了，无非就是回忆那些你一咬牙点头的瞬间。

有的人，她们的日子越来越好，男朋友越换越优秀，人生越活越豁达。她们不会有那么多抱怨，因为她们总是和令自己高兴的人和物在一起，她们不断地满足了自己更高的愿望和理想。

也许你会觉得稍微取得进步，就大手笔地奖励自己很浪费，但我认为很值得；又或许你会说"没钱怎么任性"，其实我是因为任性了才变得越来越有钱的。廉价的反而会浪费，贵是因为你值得。有的时候人和物品是一样的，买贵的不代表挥霍，只是因为值得。

圣诞节前，为了给丈夫买一条白金表链作为圣诞礼物，妻子卖掉了一头光彩夺目、使珠宝黯然失色的秀发。而丈夫出于同样的目的，卖掉了他十分珍视的祖传金表，给妻子买了一套发梳。尽管，彼此的礼物都失去了使用价值，但他们获得了比礼物更宝贵的东西——

无价的爱。

真实生活中也会上演这样的经典故事，那个不惜金钱只为哄你开心的人——不是因为他有很多金钱有多舍得，而是因为在他心里，你值得！

东西不在多，但一定要有贵的；衣服不在多，但一定要有质量好的，而质量越好肯定越贵。你使用的东西已经在无形中提升了自己的生活质感。

当你不再只是以便宜作为考量人生的标准，你的人生便开始有更高的目标。更重要的是，你敢于要求自己活得不一样了，你不再觉得自己配不起更好的人生了。

越来越多的人为了一个更好的电饭煲、马桶盖、保温杯，甚至眼药水、牙膏而大费周折地海淘、出境购，因为大家深信，这些钱值得花，这样的消费是在为想要的生活品质储值。所有有品质的东西都会低调又不经意地显示你的品味、你的内涵。

每次有了重要的事情，穿着出门的也总是柜子里那几件当时割肉吃土买下的衣服，一说断舍离，首先淘汰的就是打折时淘来的便宜货，有的都还没有穿过。

几十块钱淘的包包也就平时随便用用，你见重要的人的时候拿起来的还是你买的最贵的一只包包。

化妆品里面，洗面奶用烦了直接拿来洗澡，廉价的沐浴露不好用只能沦落到用来洗衣服，最后那些能用到空瓶的都是花大价钱买来的。

为了节省，买一只廉价口红，但当唇印落在洁净的杯沿时脸色可能就不太好看了。你对生活的吝啬，会让你的姿态减分，削减你对生活的自信指数。

有时候，我们买的不仅仅是一件衣服、一个包包，而是对高品质生活的一种尊重和追求。是的，你值得拥有世间的美好，你不应该因为对生活的臣服放弃对品质的追逐。当你不敷衍自己的时候，别人自然不会敷衍你。

　　抱怨丈夫不给自己买礼物，不如自己送自己一份独具匠心的大礼；抱怨一款口红不够滋润，不如换一个高端点的品牌。女人，不要对自己吝啬，他人才能对你慷慨。

　　工作累了，看一部轻松的电影或仅仅让自己的思想飞一会。完成了一项艰难的任务，就为自己庆功，买一件自己心仪已久的礼物。先学会哄自己开心，用贵一点的东西来回馈相对平淡的生活，这样的人生，才是高效、节能、环保的人生。

| 第六章 |

我努力
不是为了成为女强人,
而是
既可安心地小鸟依人,
又可精彩地活出自己

心安
便是活着的最好状态

女人最缺的就是安全感，而安全感这种东西不是别人给的，是自己给自己的。安全感通常与独立和尊严挂钩。一个经济独立、精神独立的女人，才能为自己赢得他人的尊重。

一个女人，不依靠父母或者丈夫的给予生活，拥有自己的事业，这是经济独立。明白自己在社会中扮演的角色，能够作为一个独立的人去思考事情，并且可以为自己所做的事情负责，这就是精神独立。

一个经济独立的女性可以选择自己喜欢的生活方式，拥有自己喜爱的事业，她们在家庭及社会体系中有自己存在的价值和意义，她们的精神世界也必定是丰富多彩的。她们自信且刚强，不会拥有一颗"玻璃心"，懂得如何理解他人。这样就做到了精神独立。

经济独立和精神独立通常相辅相成。想要按照自己的意愿做自己喜欢做的事情，必定需要一定的经济基础作为支撑。穆尼尔·纳素夫在《家庭》中说"独立能力是人生的基础"，意思是依靠任何人，都不如依靠自己来的牢靠。

女性在社会中通常是弱势群体，这个问题从古至今一直存在。在"五四"的启蒙运动中，众多革命先驱对女性问题进行过反思。叶绍钧先生发表过这样的看法："在于女性人格不完全——或者没有人格"，反映出旧时期女性"出嫁从夫，在家从父"的封建思想。陈独秀认为"完全是经济问题",这说明女性想要解放,获得尊重,就必须取得经济权力,只有当女性的经济独立了,才能不被"出嫁从夫,在家从父"的观念所压迫。

说到底,这一切的独立,都是希望一个女人不被人轻视。经济独立了,我们才能有更多的自主选择权而不是被选择。

女性如何才能做到经济独立和精神独立?

在现代社会,女性拥有和男性平等的权利,尤其是知识女性。她们有着自己的理想与追求,更有自己的工作与事业。杨澜、范冰冰都是其中的典范,她们奋斗拼搏,凭着不输男人的果敢,成就了一份属于她们自己的事业,取得了自己的经济独立。因此,女性在经济上应该有自己的追求,不依附任何人,努力做自己。

想要经济独立,首先你要提升自己的内在。一个人的气质是内在涵养的外在表现。要每天坚持一个小时的阅读时间,要了解时下的最新资讯,多接触气质好的人,因为"近朱者赤近墨者黑"。将自己平时用于购物的时间和金钱,用来参加培训班。如果一个女性胸无点墨只是长得漂亮,那叫"花瓶"。在你提升了自己以后,你会发现自己的眼界比以往开阔了许多。

每天坚持锻炼身体。每天早晨进行一定的运动,会让人一天都容光焕发。坚持运动可以保持健康的体魄,降低脂肪含量,从而达到减肥的目的。运动还可以预防疾病,改善血管疾病,并且可以增强心肺功能。而一个健康的身体是做任何事的基础条件。

要学会观察。能力比你强的人,都拥有自身的闪光点,观察这些闪光点,学以致用,把这些闪光点变成自己的。观察所有的小细节,有句话叫"细节决定成败",说的就是学会观察细节的重要性。这些最终会帮助你在职场上成为"白骨精"。

保持形象很重要。这里的形象指的不仅仅是外形，还有礼仪道德。与人交往，礼仪能够调节人际关系，避免一些不必要的矛盾。在合适的场合穿着合适的服装，工作时着职业装，运动时穿休闲装，在家穿家居服。衣着要得体、简洁、大方。一个外形靓丽行为得体的女性永远比不注重外表的女性获得的机会多。原因是形象很重要。

不要频繁调换工作。在你频繁换工作的同时，你浪费了自己的时间找寻新的工作，在应聘其他公司的时候，还会让所在公司的高层对你缺乏信任感。频繁换工作也意味着，你不知道自己今后的职业规划是什么，两三年后，你还会和当初一样无所成。长期频繁换工作，会让你成为一个只会抱怨，而不知自省的人。作为女性，要学会为自己的选择负责。

学会打理自己的资产。简单来说，就是要学会怎样理财。我们需要明白，女人的财运，是需要精心算计的。何丽玲说过："如果女人懂得理财，懂得独立，人生就是你的，女人无法在厨房中要求独立，学会理财才是追求独立自主的基础。"这代表着，一个会理财的女性比不会理财的女性会生活的舒适很多。

靳羽西是中国著名的主持人、企业家，她说过这样的一段话："我认为女人最重要的是经济的独立。我现在最大的自由是，我可以从自己的口袋里掏钱买书、买我喜欢的衣服，这是女人最大的自由。"

在经济独立后，我们可以选择去追求自己精神世界的美满。

在美国，芭比娃娃的创造者露丝·汉德勒在将创造的芭比娃娃推向市场的时候，遭到了公司许多男士的反对。但是露丝坚信自己的创造会让自己走向成功，她没有听从他人的劝阻，坚定自己的内心。最终芭比娃娃推出第一年就卖出了35万个。露丝成功了，而她的成功来源于对市场的了解和对自己思想和信念的坚持。这也是现代女性独立自主精神的表现。

罗曼罗兰说过："最可怕的敌人，就是没有坚强的信念。"一个独立自主的女性不会被周围环境束缚，她们勇于追求更好的未来，拥有属于她们自己的人生观价值观。不畏前路，不傍人门户。

她们保有善良美好的内心，对所有事情都有自己的见解，不过分依赖他人，有自己的主见。她们不会轻易放弃自己的理想，能够主宰自己的命运，有着较强的换位思考能力。作为女性，通过自己的劳动取得自己应得的地位与成就，这才是现代的女性美。

从无话可说到无话不说
从陌生到熟悉
这得需要多好的技艺

沟通通常是人与人之间交往的基石，是一切活动的基础。我们每天要进行许多的交谈，说很多的话，但那不全是沟通。沟通的前提是倾听，能够倾听他人所说的话，这才叫作沟通。没有倾听的沟通就好像自言自语，没有任何意义。

倾听是沟通的开始。当别人与你交谈，而你愿意去倾听他人的陈述，这代表你愿意了解他遇到的难题。一个愿意倾听下属话语的领导，会赢得下属的信任，让下属提高工作积极性。一个愿意倾听朋友诉苦的人，会让朋友觉得善解人意，你会因此交到许多知心好友。人们一般都需要一个倾诉对象，而这个听她诉说的对象，一定是善于倾听的人。

倾听与善于倾听并不是同一件事情。倾听只是在听别人说话，而善于倾听是用心了解别人想表达的内容。善于倾听的人在对方说话的时候会认真聆听对方的话语，给予对方足够的重视。善于倾听的人，在聆听对方表述的时候，会放下自己的身段，和对方处于同一水平线，获得对方的信任。倾听他人表述时，要给予对方一定的回应，不要让对方有被忽视的感觉。要适时地提出你的观点，这样有来有往才能构成沟通。

倾听是一种与人为善的态度，它竖起了一座桥梁来沟通彼此。倾听是一种心平气和的心态，它拉进了人与人之间的距离。倾听是一种谦虚谨慎的美德，与人相处中给人一种如沐春风的融洽感。

伏尔泰先生曾说过这么一句话："耳朵是通向心灵的路。"这代表着一个善于倾听他人说话的人，通常会是一个受人欢迎的人。一个善于倾听的人，往往可以从聆听中获得许多知识，从而促使你走向成功。

只有善于倾听才能获得沟通。

善于倾听是人与人之间最好的沟通技巧。认真倾听他人说话，是对他人最佳的赞美方式。卡耐基曾说过："一对敏感而善解人意的耳朵，比一双会说话的眼睛更讨人喜欢。"心理学研究表明，每一个人都渴望一个倾听者，她们说出自己想要表达的话，这给她们的内心带来一种愉悦和满足。而这种愉悦和满足是与你谈话后产生的，她们通常会把这种感觉归功于与你的交谈，这样一来，她们对你的好感就与日俱增。

要做一个善于倾听的人，首先要对他人所说的话题表示兴趣。在他人向你诉说什么事情的时候，眼睛直视对方，认真地听着对方所说的话题，时不时地做出回应，让倾诉的人感觉到他是被你尊重被你理解的个体。

其次是要懂得关心，给人以互动的感觉。不要以一种决断的姿态出现，马上就问他许多问题，这会给他一种你在"拷问"他的感觉。要针对他对你说的话，适当沉思一段时间，表示你听进去了他说的话，并且有在认真思考。

接着就是不要先入为主。如果你对一件事情只关注先获得的观点，就不容易接受其他的意见。用这种态度去倾听他人的表述时，往往会导致意见相左，造成两个人的不欢而散。所以对待一件事情，可以听取不同意见，再表述你的观点。不要太过武断，过早下结论。

然后是在合适的时机使用如"嗯，哦，好的，我明白，对的"等类似口语。在对方表述时，适时地使用这些口语，能让对方感觉你在认真听他说话，并且给对方一种认同感。

最后就是要学会赞美，在别人发表对一件事情看法的时候，谈到精彩的地方，给予对方一定的赞美，会让你们的关系得到升华，尤其是在初次交流的时候，真诚的赞美会让人感到舒适。以后对方如果还有需要倾诉的事情，也必定会再来找你。

倾听并不是被动地接受别人的给予，而是一种主动表现的行为。当你感觉到对方说着不着边际的话语时，用恰当的语言把话题引回来。倾听不是机械地竖着耳朵听，在听的时候，要学会动脑筋思考，要跟上对方的节奏，理解对方想要表达的意思，然后再提问，使得两个人你来我往，形成沟通。

其实倾听本就是一种沟通方式，两个人交谈，一个诉说，一个聆听。两人对某件事达到了一定的共识，这就达到了沟通的目的。

在职场中，团队之间的沟通也尤为重要，一个拥有良好沟通的团队，遇到困难能够迅速找到症结所在，通过讨论找到解决事情的方法，从而及时将问题解决。成员与成员之间互相沟通、互相了解，才会使得成员有一种家的温暖感觉，这个团队成员才会为了这个"家"去努力。

有这么一则故事，说的是有一个人去买鹦鹉。一只鹦鹉标价两百元会一国语言，另一只鹦鹉标价四百元，会两国语言，这两只鹦鹉毛色鲜亮，看起来很是漂亮。他在犹豫不决的时候，看到一只毛色暗淡，并且年龄很大的鹦鹉，标价八百。他很奇怪，叫来老板问原因。

老板说:"这只鹦鹉贵于另两只的原因是,另外两只鹦鹉叫这只鹦鹉老板。"这个故事说明,在沟通的时候,找准对象很关键。不然你就算和对方说的再多,聊得再投机,也是白搭。

列夫·托尔斯泰说过:"与人交谈一次,往往比多年闭门劳作更能启发心智。思想必定是在与人交往中产生,而在孤独中进行加工和表达。"通过有效的沟通,我们可以获得对事物新的理解,更透彻地明白某件事情所表达的意思。这样的沟通让我们节省时间和精力。

沟通是一种自然的表达形式,通过沟通我们可以获得所需要的信息,收获人脉与朋友,得到人生路上的经验,更是改善内向性格的最好方法。

所以说,能够倾听他人说话、与人沟通,不仅会让我们的生活变得美好,还能维持和改善与身边朋友的关系;更好地展现自我,被他人需要,为自己赢得更好的人际关系和事业。

愿你有勇敢的朋友，也有犀利的对手
愿你特别凶狠，也特别温柔

人与人之间相处久了难免会发生矛盾。而在职场中，每天抬头不见低头见，就更容易因为各种各样的问题引发矛盾或冲突。我们只有了解这些冲突发生的原因，才能更好地去解决它。

造成职场矛盾的原因有很多，通常可以分为两大类：个人利益和团队利益。

权利与责任的矛盾。在一个团队中，难免会遇到工作责任的模糊地带，团队的每一个人都希望自己拥有更大权利的同时，承担更少的责任。而这种心态，通常会引发职场中的矛盾冲突。

上下级之间的矛盾。不同阶层的人之间要让对方清楚地明白自己的意思不是一件容易的事情，比如发布任务的时候由于不能理解上司的意思，而造成工作上的误会。这是最容易引发职场冲突的原因。

利益分配不均的矛盾。在职场中，绩效通常代表着工资收入，也是升迁考核的重要依据之一，每一个在职员工都希望自己能有一个好的绩效，但这也容易无意识地侵犯他人的利益而产生矛盾。

语言表述不当的矛盾。在相互沟通的时候，没有清晰地表达出自己想要表达的意思，从而使工作陷入误区

没有控制好情绪的矛盾。把生活中的情绪带到工作中，将自己的情绪释放在职场中，导致矛盾的爆发。

在职场矛盾发生的时候，许多人都认为自己是对的，错都在别人。但其实一个巴掌永远都是拍不响的，矛盾产生的时候责任要由双方共同承担。而能够主动站出来解决矛盾的那个人，是对自我拥有一定认识的人，这种人是勇敢的。只有这种勇敢地主动站出来化解矛盾的人，才能在职场上走得更远。

怎样才能更好地解决职场矛盾呢？

首先我们要知道解决矛盾的时机很重要。在恰当的时机去解决冲突，往往会事半功倍。解决矛盾要干脆利落不要拖拖拉拉，不能把职场矛盾演变为没完没了的纷争。了解了这些以后，我们来看看应该用什么方法才能很好地解决职场矛盾。

第一点，界定企业的可接受行为。要清楚在团队中哪些行为是可以接受的，这样可以给矛盾一个界限。所以，团队中的领导要明确地向员工表明，哪些行为是可以接受的，哪些行为是不可以接受的。这样可以有效避免矛盾的产生。或者进行一些团队协作的培训，加强人才的管理等，这些也可以减少职场中的矛盾。

第二点，要学会直面矛盾。直面矛盾并不能够阻止矛盾的产生，但却可以避免一些矛盾。找出可能会发生矛盾的地方，并加以改正和化解。其实直面矛盾就是在矛盾还未发生，尚在萌芽的时候就将其化解。但如果矛盾已经发生，那么要了解一下其严重程度，尽量处理，免得矛盾加剧。

第三点，要学会换位思考。在矛盾发生以后，站在他人的角度考虑下问题，如果你是他，你会怎么想怎么做？这样就可以了解对方的矛盾点，从而帮助他们实现他们的目标，这样，在你解决矛盾的时候，就不会遇到什么阻碍了。

第四点，要分清轻重缓急。要分清楚哪个事件严重些，优先处理较为严重的矛盾。如果矛盾已经十分严重,必要的时候要采取一定的措施,互相沟通,消除分歧。

第五点,要将所有的矛盾视为机遇。每一次的矛盾发生后,都能给人以经验和教训,所有的不同意见都代表了他人的观点和想法。吸纳别人好的观点变成自己的经验,长此以往,自己会获得更大的成长。一个聪明的领导者,会从矛盾中产生的不同观点中找寻有利于团队的观点用以发展团队。

大多处的职场矛盾都是情绪的驱动导致的,当我们感觉自己的价值受到了质疑,或者因为某些情况感觉自己不受尊重时,冲突便极有可能会发生。

工作中的关系是瞬息万变的,并且通常与生活息息相关。所以在职场上,分歧和压力是没有办法避免的。但我们也不能消极对待,要学会寻找解决方案,抵消矛盾所产生的不利影响。所以有的时候,矛盾和分歧通常能提高人的积极性。它能够增强团队中彼此的联系,扩大每个人的视野。

在矛盾发生后,一定要冷静地分析事情发生的经过与原因,因为在事件发生的时候,人往往是不理智的,在双方都不理智的时候,表述出来的经过,一定也是急躁的。

所有的事情都是对事不对人的。冲突发生的原因是两个人对待事情的看法不同,这是造成矛盾发生的主因,但是与和你产生矛盾的个人并没有关系。

遇到矛盾时,摆正自己的心态,把任何一次冲突都当做是一次机会。在沟通时,用积极的态度去交谈,明确沟通的信息。

想要预防职场上产生的冲突,最重要的一点是摆正自己的心态。无论发生什么,先审视自身,拒绝一切以貌取人和不公正的自我表述态度。所有的人都先是一个团队的整体，然后才是单独的个人，将团队的利益放大时，自身利益自然而然就变小了。这样，矛盾自然而然就避免了。

在职场中，人们的关系简单又复杂，因为所有人都有一个共同的大目标，就是公司的利益，但不同的就是自己的个人利益。无论做任何工作，我们都脱离不了人这个字眼，职场中的矛盾，通常与"正确的认知与行为"挂钩，它建立在职业特质中。

掌握时间
不坐无人驾驶拖拉机

中国有句关于时间的古话："一寸光阴一寸金，寸金难买寸光阴。"时间的重要性可以说是不言而喻。时间等同于生命，高尔基说过："世界上最快而又最慢，最长而又最短，最平凡而又最珍贵，最易被忽略而又最令人后悔的就是时间。"时间是生命的延续，我们要合理安排自己的时间，充分利用每分每秒。

在有限的时间里面，实现双倍的利益，这是充分利用时间的结果。我们怎样对待时间，时间就怎样对待我们。富兰克林先生在《给一个年轻商人的忠告》一书中写道"时间就是金钱"。这说明把握好自己的时间就能赢得财富。

时间和你的知识应该是成正比的，随着时间的流逝，你的知识应该是在逐渐增加的。如果只是时间消逝，而你的知识却没有增加，那么这些消逝的时间就被我们虚度了。我们要做的，是将能利用的时间用来充实自己，做自己时间的主人。

时间在我们的生活中无处不在，我们现在正在做的事情，都是在经历时间。时间永不停止，它不会因为你做了任何事情而停下脚步。但丁说过："最聪明的人是最不愿浪费时间的人。"要知道，浪费时间等于浪费生命。

斯坦福大学心理学家菲利普·津巴多提出了"时间视角"，根据时间视角,划分出了五种人。其中第五种视角,习惯看向未来的人,通常最适用于职场。因为在工作中,我们强调时间效率,而未来视角可以使得我们的工作有条不紊。

我们要严肃对待每一秒钟的时间,明白时间对于我们的价值,并且利用好它。未来我们看不到,但是现在这一秒钟就在我们眼前,做好这一秒钟的自己。而这一秒钟,通常足以改变未来我们的命运。

在职场怎样才能正确地掌握自己的时间呢?

在工作的时候,通常我们忙碌了一整天,但回头一看其实并没有做很多事情,这是因为我们没有合理规划时间。千金散尽还复来,但是时间过去了就真的一去不复返了。

要学会赶在时间的前面。中国首富李嘉诚总是将他的手表调快十分钟,为的就是无论做什么事情,都可以赶在时间的前面。鲁迅先生说过:"节省时间,也就是使一个人的有限生命,更加有效而也即等于延长了人的生命。"

但是在职场上,我们究竟应该怎样才能做到合理利用自己的时间,用一倍的时间做出两倍甚至更多的效益呢?了解自己在职场发挥的作用,才能更好地去管理自己的时间。

明确你自己的价值观。如果你连自己的价值观都不能明确的话,那么你一定不能把自己的时间分配好。管理自己时间的重点不在于管理,在于如何更好地分配自己的时间。你不可能有时间做所有事情,但是你可以有时间做你认为最主要的事。

把你的思想转变过来,改变那要命的拖延症。同样的一个工作,两种态度——一个消极,一个积极。那么显而易见,态度积极的必然会比态度消极的完成得要快很多。这是因为态度积极的时候,投入工作的精力就是百分之百,完成工作的效率当然会快上很多。

生活中几乎每个人都有一定的拖延症,信用卡习惯到最后一天才去还款,需要清洗的衣服放了好几天一直想洗却没有动手,约定时间见面一定要到准点才能赶到。拖延症是时间最大的敌人,它让我们明明一分钟可以做完的事情变成了三分钟。给别人留下不好的印象不说,更是浪费了时间。

在职场上我们要尽量给自己安排一个"不被打扰的时间",这个不被打扰的时间,就是给自己一个小时独立思考的时间,在这一个小时里面,你只思考你自己的工作。而这不被打扰的一个小时,通常比你一天的工作效率还要高。

给自己设定一个截止的期限。无论你做任何事情,根据你自己的能力,给自己设定一个完成这些工作所需要的时间。如果一件工作,你可以花一天的时间去完成,那么你当然不会着急,但是如果这件工作,你只能在一个小时内做完,你肯定会逼迫自己在这个时间内完成这项工作。然后告诉自己,在这个时间内如果完成了这些工作,那么就奖励自己一件心仪的东西。

同一类型的事情,一次性搞定它们。比方说写作业,在写数学作业时,就一次性把所有数学作业都完成,再去做其他的作业。假如你需要思考什么东西,那就在那个时间段里只专注于你的思考,而不考虑其他。因为当你在重复着某一件事情的时候,就会熟能生巧,这个时候,你的工作效率就一定会提高。

抓住一切机会像比你有能力的人学习。要知道,遇到同样一个水坑,因为他们已经被绊倒过,所以有了经验,你向他们学习了经验,以后遇到这样的水坑,就不会再摔倒了。这也就相当于,你和一个成功的人在一起,他用了六十年成功,如果你和十个这样的成功者交流,那你就相当于浓缩了六百年的经验。

如果上面这些你都能做到，你就把握住了一天二十四小时中的八小时。彼德·杜拉克就曾说："时间是最高贵而有限的资源。"在这有限的资源里面你要做到你能做到的最高效的事情。

当你在职场工作的时候，可以全神贯注于某一个点上，所有的事情都有条不紊地进行，不需要耗费什么周折，可以很流畅的管理好你的时间。那么，你就掌握了属于自己的时间，成了时间的领导者。

列宁说过："浪费别人的时间等于是谋财害命，浪费自己的时间等于是慢性自杀。"我们不想"谋财害命"，但是更不想"慢性自杀"。

对于时间的把握，只有将自己的时间放在手心，才能给你想做事情合理分配时间。把你下一分钟的时间当做最后一分钟来过，这样才能真正有收获。更大限度地利用你的时间，在工作中会更加愉快和充实，你在职场中才能混得风生水起。

任何完美的计划没有行动
都只能是一个永不能实现的童话

行动力我们可以理解为，具有较强的自我控制能力，有勇气去突破自己，做自己想做而不敢做的。在这短暂的人生中，最让我们感到骄傲和自豪的是实现了自己的梦想。但是，想要实现梦想你必须行动起来，行动力决定了你的未来。

莎士比亚说过："有力的理由造成有力的行动。"给自己制定好目标，你的目标决定了你未来的方向，然后按照这个目标去努力执行。

在职场，白领和普通员工最大的区别就是行动力。对前者而言，他想到了什么事情，就会马上去做，不会犹豫。而职场新人会推脱自己今天已经下班了，今天有些困了睡醒再说吧。要知道，当你想到了某件事情就马上去做时，你的工作效率会高很多。

你的一切结果，都是由你的行动造成的，你采取了什么样的行动，就导致什么样的结果。如果你是一个行动力强的人，想到了事情会马上去实施，那么你会永远先别人一步。也因为你敢想敢做，你成功的几率比别人大很多。

有这么一则小故事，有一个很可爱的小姑娘叫爱莲娜，爱莲娜有一个坏习惯，就是每做一件事，都要用大量的时间去抉择和计算，而不是马上行动。有一天，农场主告诉她牧场里有草莓可以采摘，一筐草莓20美分。爱莲娜知道后，回到家拿出本子和笔计算摘多少筐草莓才能买到她喜欢的洋娃娃,等爱莲娜计算完,拿上篮子去到农场后,发现农场中的草莓都已经被人摘走了。爱莲娜闷闷不乐地回到了家里。

行动力是指不断充实自己,努力奋进,言行一致敢于去做,从而获得满意结果的能力。在职场上,一个拥有行动力的人,对于上级发布的任务从不拖延,拥有明确的目标,所有事情有条不紊地按顺序推进。这样的人,在职场必定会受到上级的青睐。

我们身边一般都会有这样的同事。他很努力,每天上班他总是第一个到,下班也总是最后一个走,在工作的时候,他会把计划列得很好,但是每次交任务的时候却总是不能按时完成。这是为什么呢?他也很努力,并没有懈怠,他也有计划有目标。但是,他没有行动过。伏尔泰说过:"人生来是为行动的,就像火总向上腾,石头总是下落。对人来说,一无行动,也就等于他并不存在。"有计划,但是却不实施。就像每天说着自己的梦想,却从来不做一样。

我们都想要提高自己的行动力,但是具体该怎样去做?

要学会正确地做事。要想正确地做事,先把自己思路整理清楚,我要做什么,接下来要怎么做,规划清楚后再行动。在你正确地做事后,就去做正确的事。给自己定下一个合理的目标,这个目标一定是你可以实现的。无论做什么,别总为自己找借口,借口是留给庸人的。

要学会主动。在职场上,不要做被动的那一个。等着上级给你发布任务和主动领取任务是两个概念。在工作中有任何的问题,一定要主动去寻找答案,答案永远不可能主动找上你。

想到就做。在工作中,有时候我们想到了一个很好的点子,但是因为某些事情放下了,没有去做。那么过了这个时间,可能你想的这个点子已经没有用了。所以在你想到的时候，就马上去实施。

相信你自己。接到新任务时，不要一开始就否定自己，认为自己"做不到"，要相信你可以做到。对待困难，不能因一次失败就认为自己永远都是个loser，失败只是一时的，但放弃则是永远的。

勇于尝试。在工作中，要勇敢地尝试新方式去解决问题，这样的尝试通常会给你带来意想不到的惊喜。对于自己的责任，要勇于承担。在工作进行的过程中发现问题，而不是等到结束。

不放过一丝细节。著名演说家罗曼·文森特说过："态度决定高度，细节决定成败。"我们要知道，工作无小事，可能任何一件小事，都能决定大事件的走向。千里之堤溃于蚁穴，当你把手中所有的小事做好时，就为你成功的高墙又添上了一块砖。

放大你的渴求心。通俗一点来说，就是对自己现在做的事业要有欲望，成功的欲望、进取的欲望等等，有欲望的人就会拥有强烈的进取心。会迫切地学习新知识，以增强自己的能力。当你的渴求心强烈到一定程度的时候，就能把自己的能力发挥到极致，为将来的成功打下坚实的基础。

没有行动力的后果就是"拖延症"，将今天的事情拖到明天，然后发现明天的任务猛增，再拖到后天，直到要交差的时候，发现没办法再拖下去了，于是草草完成任务上交，当然，结果就是你完成的任务质量很差。

英国诗人威廉·布莱克曾说过："那种一味期待而从不行动的人们，是滋生瘟疫的温床。"作为女性，我们经常会羡慕那些事业成功，生活精致的人。你会抱怨自己为什么不是那样的人，但是想一下，你们都拥有同样的梦想、目标和计划。但是她行动的时候，你还在晒美食、拍自拍。最后她成功了你却没有，你就认为你的梦想背叛了你。

　　我们很多人都说要去做自己喜欢的事情，我们要给自己列出一个规划，从现在开始往后的十年中，你有什么目标，你想要达到什么高度。为了能够达到这个高度，你准备做哪些事情，计划好了以后，就去一件一件地实施吧，成功并不遥远。我们都不能预料明天会发生什么，所以就从下一秒起行动起来。只有行动了，你才有资格描绘你的未来。

好不容易有了工作
却被一个叫"祸患"的家伙连盘端走

古人曰："祸患常积于忽微，而智勇多困于所溺。"意思是说，灾祸、隐患常常是疏忽和失误积累而成的，人的智慧和勇气往往被他沉溺的事务所困扰。这句话本是在感叹治国之道，但是放在工作、生活中同样适用。

我们要用细心的工作态度面对工作。工作细心是认真、积极的个人素质。拥有了这种素质，不管是工作还是生活，我们都能交出一张完美的答卷。工作细心是注重细节，善于把控工作的细小部分，从而控制住整体，提高工作质量。

工作不细心常常会给人留下工作不认真的印象，影响他人对我们的个人评价，所谓出力不讨好大抵如此。所以提高个人细心度，解决工作中粗心的问题很重要。怎样才能做到工作细心呢？

首先，心态端正，树立正确的工作态度。重视工作，意识到工作的重要性。对于复杂纷乱的工作，认真用心，集中精力尽可能去完成。态度决定一切，当你不是敷衍，而是认真、投入地去面对的时候，出错的几率就会降低，就可以保证工作顺利地完成。在工作的过程中，逐步增加自己对工作内容的熟悉程度，分清楚日常工作和临时工作，以及不同的应对方法和解决方案，建立起一套属于自己的、完整的工作流程，训练自己的工作思维。

在之前工作过的公司遇到过两位前台姑娘,第一位姑娘到岗后,对业务不熟悉,无从下手,大家都很热心地帮助好。而她一有空闲就低头玩弄手机,时间久了,她就养成了一种习惯,只要有不知道如何处理的问题,自己不加思考就去请教别人,且在工作中经常粗心犯错,连累别人,让大家厌烦不已。这位姑娘的结局不用说你也知道吧,没过多久,她就被辞退了。

在公司,每个人各司其职,都埋头于自己的工作,没有人会永远做你的"参谋",同事只会帮你一时,不会帮你一世,只有自己善加思考、认真投入、勤于总结,才能出色地完成自己的工作,积累工作经验。

过了不久新来了一位姑娘,这位姑娘刚来的时候虽然也有很多不懂的地方,但她敢于求助,而且她有一个好习惯,就是随身携带一个笔记本,每做完一件事就认真、细心地记录下自己的工作情况,从容易完成的事情中发现自己的优点,从稍微有些难度的工作中总结工作经验,分析自己做的不到位的地方,及时改正、整顿自我。刚入职的第一个星期,她就埋首于整顿公司的文件柜和资料库,熟悉了公司的所有文件。

就这样,这位姑娘不断地摸索和前行,建立起了一套完整的属于自己的工作流程和方案,顺利地度过了试用期。被同事称赞有加。

这位姑娘的结局又如何呢?成功升职为部门经理,薪水也涨了很多。由此可见工作态度的重要性。树立正确的工作态度,摸索合适的工作方法,比拥有超强的工作能力和工作细心更加重要。做一个勤于思考、善于总结的人是取得成功的前提。

其次,运用恰当的方法,改掉粗心的毛病。粗心是工作中的大忌。有时候,我们竭尽所能,使工作整体上很完美地完成了,却粗心犯了一个小错误，不仅导致工作完成度受到影响，还会给别人留下工作不认真的印象。所以改掉粗心的毛病，势在必行。怎样改掉粗心的毛病呢？有三个方法可供尝试。

第一，制作一张表格，总结自己粗心犯的错误，提醒自己下次不要再犯，并建立奖惩机制，寻找一人监督实行。犯了一次错误，就在表格内记录下该错误，并画"正"字。犯同一个错误超过两次，即"正"超过两笔，就实行惩罚机制，比如给监督人一百元等。如果一个月内没有再犯错误，就给自己一个奖励，比如外出旅游等。奖惩有度，形成完整的机制，才能逐步改掉粗心的毛病，提高细心度。

第二，练习做数学题。数字运算可以刺激人的大脑皮层，提升人的细心程度和敏感度，有助于改掉粗心的毛病。买一本小学数学题集，简单的加减乘除运算题即可，每日练习100题，题目虽小，但对人细心的训练，有很大帮助。坚持一个月就可以看到效果。

第三，提高自己的记忆力，留心生活中细节，培养自己的观察力和细心度。画出或说出白天看过的细节，第二天再去核对、验证。比如留心办公室楼下有多少棵树、文件柜里有多少个文件夹等生活中的小细节，并核对、验证结论的正确性，从而提高自己对周围事物的观察力和记忆力。

最后，注重增强脑部活力。日常饮食中注重补充蛋白质和维生素。蛋白质可以增加脑部蛋白质的含量，提高大脑的记忆力，维生素可以给脑部补充营养。鸡蛋、鱼类等食物含有较多的蛋白质，绿叶蔬菜、动物肝脏等含有丰富的维生素，可以给大脑提供丰富的营养，从而增强大脑活力。

工作细心是个人道德修养的体现，它体现了一个人对工作、生活的态度和细心程度。一个人在工作中细心有致，就会在生活中精心细致，严格要求自己，妆发精致、服饰得当、言行得体、举止优雅、在人生道路上步步为赢，节节高升。

在日常工作中，我们应严于律己，宽于待人。严格要求自己，对待工作细心、上心，对于别人犯的错误善意地指出，并及时告知解决方法。

细心、耐心不仅可以受到积极的个人评价，还可以塑造良好的个人形象。拥有细心的个性品质，不仅有助于我们在工作中取得成功，也可以让我们在爱情和生活中，不断前进，取得成功。

说对话，做对事
套路就是这么玩的

人非圣贤，孰能无过，上司、下属、同级、供应商、客户等都有可能犯错。指出他们的错误时如果措辞不当，情义的小船很可能说翻就翻。如何指出对方的错误，却不至于让人不高兴，这就十分重要了。

在探讨如何巧妙地指出他人错误之前，我们要明白，并不是所有的错误都是要指出的。温莎公爵在伦敦主持了招待印度当地居民首领的晚宴。快要结束时侍者为每一位客人端来了洗手盘，印度客人们并不知晓这些礼仪，看到那精巧的银制器皿里盛着亮晶晶的水，就端起来一饮而尽。

温莎公爵在和客人谈笑间，也神态自若地端起自己面前的洗手水，像客人那样"自然而得体"地一饮而尽。贵族们见状纷纷效仿，避免了可能造成的难堪。

相比起来，如何保存别人的颜面比指出别人的错误更为重要。但并不是所有的错误都是这种"美丽的误会"，有些是必须要指出来的，所以采用什么方法指出别人的错误，就要慎重了。

我们指出对方的错误时，不是要证明自己的正确，主要是促进对方进步，并增加彼此的满意度。当你发现对方犯了一个明显的错误的时候，如果在大庭广众之下指出来，结果可能并不是自己希望看到的。他很可能已经知道了自己的错误，但被你这样一激，反而死不承认，并且就是要错给你看："我就这样，你不服！"对于那些只有你察觉到的不太明显的小差错，那些对大局没有影响的小问题，你完全可以先装作不知道，事后再对他说明，不要自作聪明地当众揭露他的错误。

你没有必要因为对方不领会你的好心而责备对方，这种事情太常见了，每个人的自尊心壁垒都是极为坚固的。当自己的错误被别人直截了当地指出的时候，一般人都很难接受。他会因此而产生一种不可思议的强大力量，这种力量迫使他拒绝接受你的批评或指正，即使他明明知道你是为他着想的。

心理学家指出，这种强大的力量中有很大一部分是自我认同感在起作用。当自己所相信的东西被怀疑或否定之后，每个人内心都会产生一种焦虑感，觉得自己的自尊被伤害了，甚至感觉自己的安全已经没有了保障。结果是，他会本能地拒绝承认自己的错误，即使他可能认为你说的是对的。

如果你想解决问题，首先是要让对方能听进去你的话。要调整你说话的目的，是解决问题还是指责。有些时候我们沟通的本意是解决问题，但说出来的话却已带有指责的意味。如果你说话的对象是你的下属，那你可以带着教导的心态，帮助对方看到他的行事方式和态度的影响，包括工作成效、带给别人的感受等等。

有时候指出对方的错误之所以会让他不舒服或者产生其他负面情绪，大多都是因为对方从你的言语中感觉到了指责的成分，每个人潜意识里对别人的指责都是十分抗拒的。因此，当你想要说服一个人，让他明白自己的错误的时候，千万不要直接指出对方的错误。

在这种时候你就需要注意开口说话的场合和语言方面的技巧。有好时机、找到适当的场合后，开头的表达也会影响你这次沟通是否会成功。先让对方知道你的出发点是好的，接着再以轻描淡写的方式暗指对方的错误。

诚如卡耐基所说："谁都不喜欢脸上被人打一巴掌，也不喜欢污水当面泼过来。所以，请你收回直接批评，那只会引来顽抗；请转为巧妙地暗示对方注意错误，你会赢得全世界的爱戴。"

面对他人的错误，最好的办法是以有效的方法使其认识到自己的错误。要做到这一点，就需要宽容他人——但绝不是纵容。委婉或间接地提出你的看法，对方更容易接受。你的直言快语有时候不会为你的人生加分，你要懂得与人相处的礼仪，将心比心，维护他人的尊严。

不要重复提及对方的错误。出于自尊心理，人们对于反复提及自身错误的人，内心会产生抵触情绪。点到为止，不将对方的错误无限放大。大事化小，小事化了，意在让对方明白自己的错误，不对以后的工作生活造成什么困扰。

采取一个得当的态度，用恰如其分的语言指出对方的错误，不仅可以有效地解决问题，同时还能赢得对方的好感。

当别人出错的时候，学会欲抑先扬。指出对方错误之前，先找到对方的优点进行表扬，营造一种良好的氛围。人人都喜欢听奉承话，几乎没有人在受到夸奖的时候会不高兴。

先赞扬犯错者的优点，从犯错者的优点委婉、善意地转移到犯错者所犯的错误，这是一个很好的策略，至少让犯错者容易接受。不要用尖酸刻薄的言语奚落别人，那样别人不仅不会接受而且很容易产生逆反情绪。人与人之间原本没有那么多的矛盾纠葛，往往只是因为有人逞一时口舌之快，说话不加考虑，只言片语伤害了别人的自尊，让人下不了台，从而引发一系列不必要的矛盾。

也可以先谈谈自己曾经所犯过的错误，再从所犯错误导致的结果出发，引出犯错者所犯的错误。这样会淡化对方的抵抗情绪，使其更好地接纳你指出的问题。

利用暗示的语言，比如利用寓言故事或者提醒用语，间接指出别人的错误，这要比直接说出来是得温和，且不会引起别人的强烈反感。有的人在发现他人有明显错误的时候，会毫不客气地指出来。这样一来，对方的自尊心会受到伤害，致使对方保持沉默、陷入尴尬的境地，或者是挑刺你的言辞并拒绝你的说服。

我们对待错误，最主要的是预防。但当错误发生的时候，我们要言语谨慎，避免产生其他不必要的矛盾。

他富有我不用觉得自己高攀
他贫穷我们也不至于落魄

女人为什么要努力工作？随着社会的进步和发展，女性的地位不断提高，但是在这个竞争的时代，想要在社会站稳脚跟，拥有一席之地，就必须变身为一个彻彻底底的"女强人"。

跳水冠军郭晶晶，在结婚的时候被媒体指责"傍大款"，而郭晶晶说："他是富豪，我是冠军。"这句话让媒体彻底闭上了嘴。

作为女人，我认真工作，为的就是有一天遇到了我爱的人，无论他是富裕或是贫穷，我都可以坦然面对。他富裕我不会感觉高攀，他贫穷也不至于让我们的生活落魄。

在现代，女性自我意识增强，渴望在这个社会拥有一份属于自己的事业，而事业强的女性更容易受到他人的尊重。努力工作的女性能够培养自己的独立能力，遇事也更能理性地处理，从而减少一些不必要的矛盾。

女性想要获得幸福的人生，就一定要不断提高自己的层次。我们想要精致的生活，想要玲琅满目的衣橱，想要幸福美满的婚姻。这都是需要我们付出自己的努力才能够得到。

所以，当你赚到足够多的金钱，并且为了你的事业而不懈奋斗时，你会成为那个你一直希望成为的自己。越是独立自主，拥有自己想法的女性，就越是明白努力工作的意义。在这个世界上，只有努力工作的个体，才不会被淘汰。要知道，无论你依靠任何人，都是一时的，我们每一个人都要为自己的人生负责。

如果一个女人没有事业，也没有自己的空间，每天围绕着锅碗瓢盆，时间久了，就会感到生活空间的狭隘。

努力奋斗的原因，归根到底就是要成为自己最想要成为的人。为以后父母老去，自己有足够的能力照顾他们的老年生活；也是为了能够靠着自己的能力拥有自己想要的东西。

在职场中工作，努力并不代表埋头苦干，只有找对了方法，认真的努力，我们才能离成功更进一步。

工作效率很重要，简单来说就是丢掉你的"拖延症"，今日事今日毕。对待工作要学会思考，分清主次，将重要的工作和不重要的工作排序，让自己不至于在做完一件事情以后不知道接下来要做什么。要专注于眼前的工作。我们都知道，聚精会神地做一件事情，总是能完成得非常快，这就是认真的结果。提高专业熟练度。同样一个工作，有的人做得快，有的人就很慢，这并不是智商或其他方面的差异，只是因为"熟能生巧"。我们每个人一天工作时间只有八个小时，我们要在这有限的时间里把工作效率最大化。

要学会在职场体现自己的价值。首先要树立正确的人生价值观。现代社会竞争越来越激烈，要避免过早被社会淘汰，我们要适时地表现自己。其实每天的工作本身就是自我价值的一种体现，但这些远远不够。要多和你的上级交流，因为他就是从你的岗位上去的，积累了许多经验，多和上级聊聊天，能学到很多东西。如果有同事找你帮忙，在能力范围内不要拒绝。在一个团队中，一个人的价值通常和能力挂钩，你有能力，那么你就是一个有价值的人。

有效的沟通占工作重心的70%。表达方式很重要，你说出的话要能让别人理解，理解是沟通的基础。两个人的对话能否继续下去，最基本的就是对方能否理解你所表达的意思。沟通是一门语言艺术，说话的态度要谦逊，切忌给人一种高高在上的态度，尽量用陈述句，在你表述自己观点的时候，问一下别人的意见。要知道什么时候说什么话，要知道在合适的时间说合适的话，这样就会事半功倍。对待不同的人，使用不同的沟通方式。你要知道，面对不同的人群，说话的方式必然要有所不同，不然会造成误会。在工作中，彼此之间有效的沟通，通常能让办公氛围轻松、和谐。

我们努力工作，坚持奋斗。因为人这一生总是要有点精神的，无论做什么，都要有所作为。我们每个人都追求自由，但是自由是怎么获得的？是我们能够经济独立，成为一个不依靠他人的人。

一个女性如果没有属于自己的事业，那么她的内心世界一定是空虚的，为了让我们的内心开满繁花，我们要努力工作，成就最完美的自己。

我们身边都有所谓的"才女"，即才能、才气、才貌集于一身的女子。她们长得美，有能力，赚钱多。但当初你们的起点都是一样的，区别只在于，你安于现状的时候她在努力拼搏奋斗。当你和朋友谈天说地的时候，她在四处奔波。所以当她买了房，有了车，更拥有了成功事业的时候，你开始追悔莫及，问自己当时为何没有坚持自己的理想。我们都不希望到了那一天才想起来去努力奋斗的重要。

《傅雷家书》中，傅雷对他的儿子说过这样一句话："不要因为女人或者是感情而舒缓了自己的事业心。"这里面的男权思想我们暂且放在一边，傅雷先生对儿子说的话却不无道理。什么叫做事业心？就是想要通过自己的努力取得一个好成绩的心态。

格力集团CEO董明珠女士，36岁才从基层业务员做起，但仅仅15年的时间,她就升职到了格力集团CEO。接受媒体采访时,董明珠女士说过这样的话:"女性在职场里打拼,首先要会做人,什么叫做人?就是我要尽职尽力,在自己的岗位上做到最好,这就是目标。很多人会说以后要当总经理,那不叫目标,而是一种私人的目的,不叫目标。我在岗位要做得比别人都好,这就是目标。你每一个都做得比别人好,受到别人的尊重,由于尊重,你的职务就会发生变化。不是为了职业目的去实现人生价值,只有这样才能成功。"女性也要有自己的追求和目标,要知道,在这个时代,女性同样可以顶起半边天。

我们为什么要努力,因为生活太沉重,它从不会因为你是女性而另眼相待。因为在工作中,没有性别区分,只有适者生存。我们想要进入优质的交际圈,但我们并不想做交际花,所以我们只能变身为实力派。要知道,没有经济实力的孝心和婚姻是无力的。其实说到底,我们努力工作,为的是自己,未来更好的自己。

| 第七章 |

不要让感人的情节
都出现在别人的故事里

看不惯平时的自己
哪怕再想要也 saygoodbye

日常生活中，大多数女性每天穿梭在高耸林立、比肩冷漠的大楼间，在格子间疲于工作、消耗着青春岁月，奔波于单位和家庭之间，过着两点一线的单调日子，只在偶尔周末的时候，逛逛街打发闲散时间。女人本是世间一道最美丽的风景，却在时间的流逝和重复的工作中日渐衰老。

女人似水，流入时间的的荒芜之处，独自起舞。既然所有的水都会流入荒芜，与其忧心忡忡于容颜衰老和青春褪去，不如学着快乐、自在地流动，在循环重复间突破自我，打破日复一日的单调节奏，将自己从都市白领中解放出来，偶尔任性一次，做一个与世无争的小女生，找回丢失已久的少女情怀。

怎样才能让自己充满少女情调呢？

适当看剧，放松自己。看一部当下流行的偶像剧或者少女电影，如日剧《今天不上班》。这部剧讲述了绫濑遥饰演的大龄未婚上班族被福士苍汰饰演的同事和玉木宏饰演的企业CEO同时追求的故事，剧中女主角心思单纯、爱幻想，同时被两个爱情老手追求，众多纯爱桥段轮番上演，让人少女心泛滥。

观看一部这样的偶像剧，可以激发自己沉睡已久的少女心，让自己沉溺于俊男美女的爱情童话中，体验纯纯的爱情故事，重拾对生活和爱情的幻想。收拾好心情，心怀美好地去继续生活。

适度追星，体验当小女生的感觉。追星就是欣赏世间的美好，满足自己对异性的幻想。追星的群体大多是天真烂漫的少女，她们正值充满幻想的年纪。跟少女粉丝一起看明星演唱会、参加明星见面会，近距离接触喜欢的明星，实现内心的渴望，唤醒生活的激情。

购买少女品牌服饰。幻想一下，在一个风和日丽的日子里，穿着色彩清新亮丽、设计少女甜美、剪裁细致的少女品牌服饰，踏足出门，尽享尘世静好，是一件多么美好的事。目前市场上比较出名的高端少女服饰品牌有Snidel、Lily Brown等，Snidel的设计风格以清新少女感为基调，或复古、或文艺，色彩清新柔和、剪裁少女味十足，并巧妙运用蝴蝶结、蕾丝、雪纺、碎花等元素，服饰整体呈现出浓浓的公主范。Lily Brown与snidel风格类似，它运用条纹、波点、碎花等元素，整体充满了飘逸的少女感，但Lily Brown在剪裁上更为灵动、设计更加时髦、富有现代美。

去一个充满少女心的地方玩乐，充分释放自己的少女情怀。旅行可以放松身心，解放自我，偶尔的放松和愉悦能带来精神上的享受。寻找一处充满少女感和童趣的地方，开展一次精神之旅。离开时，在景点处买一张明信片寄给自己或者闺蜜，以纪念这次旅行。

去一个充满少女心的餐厅就餐。香港的DIM SUM ICON主题餐厅每年都会和日本的卡通形象联名推出精致可口的主题套餐，在业界较有名气。2016年它和Little Twin Stars合作，成功推出了Little Twin Stars主题套餐，因形象可爱，吸引了众多粉丝。套餐包含贴有Kiki和Lala卡通形象的原粒带子烧卖和卡通主题色调的虾饺等食物，外观清新自然、充满童趣，让你找回小女生的感觉。

去迪斯尼游玩一圈，给自己购买卡通玩具。迪士尼将童话世界充分还原并加入现代科技元素，可玩性较强。它不仅是孩子们的乐园，成年人也可在园内体验一番。在卡通人物和孩子们之间穿梭，仿佛找回了丢失已久的童心和童趣。迪斯尼的玩具也值得一买，米奇玩偶不仅可爱，摆放在家中还能增加童趣，改善家庭气氛。

阅读童话故事。把自己想象成童话中的人物，翱翔于童话故事世界，自由自在、无拘无束，世间的一切仿佛都静止了。经典耐读的童话读者有安徒生、格林、王尔德等，重读童年读过的读物，回味最初的心理体验，让自己沉浸在童话中，做自己世界中的公主。

使用少女心的装饰物。Gucci于2016年推出Gucci Pre-Fall 2016系列手袋和提包，炸裂了众多女性消费者的少女心，包的颜色以粉红、黑为主，设计甜美又不失精致，质感高档，可在周末外出、逛街时背出去，充满了少女心怀。

除此之外，TIFFANY的薄荷绿心形挂件手链，Agatha的小狗挂件项链、首饰等，色彩分明，造型可爱，也能满足你的少女心和女生情怀。

既然有少女系饰品，自然就少不了少女系化妆品。Jill Stuart绝对是少女系化妆品的鼻祖，外形包装少女感十足，品质精巧。Jill Stuart每年都会推出一款四色腮红，虽然颜色可能改变不是很大，但包装都会别出心裁，碎花、波浪、斜纹的元素必然少不了，包装看上去公主范十足，连自带的腮红刷都配以同款花纹，让人倍感温馨可爱。

日本的美少女战士形象深入人心，日本于2013年推出美少女战士系列化妆品，包括粉饼、眼线笔、面膜等。最吸引人眼球的就是粉饼了，它被命名为浪漫奇迹的爱情月亮粉，外壳设计成水冰月的"水晶之星"，粉饼本身设计成有跳跃感的蝴蝶结，让美少女战士爱好者心动不已。

圣罗兰的圆管14号唇膏，曾经因为韩剧《来自星星的你》而风靡时尚圈。它是一种让心动的粉色，介于糖果粉和玫粉色之间，具有糖果感，橘色调也十分适合亚洲人涂抹，不会显得皮肤发黄，而会显得皮肤很白。

购买生活装饰品。美国52岁的好莱坞女演员Kitten Kay Sera，一生挚爱粉色，耗巨资将自己的房间和宠物染成粉色，在过去的近40年中只穿粉色的衣服，她把生活中的一切背景都装饰成粉色，包括墙壁、厨房用品等，置身于粉色的海洋，少女心荡漾不已。

泡澡。泡澡时在水中加入浴皂，不仅能舒缓身心，起到健康保健的作用，还能调节生活气氛、增加生活情调和趣味。LUSH推出的一款天鹅绒泡泡浴芭，蕴含黑加仑、佛手柑和柏树精华。用这款浴皂泡澡，浴缸被染成粉色海洋，滋润身体、放松身心，让人精神愉悦。

学习芭蕾舞。像天鹅一样脚尖着地、翩翩起舞恐怕是很多女性童年时最初的人生梦想。学习芭蕾舞，全身心地投入，释放全力，把自己想象成水中的天鹅，旋转、跳跃。舞蹈培养人的气质和修养，练习过芭蕾舞的人不仅走路姿态高雅、有气质，而且内心纯洁、积极向上。竭尽全力学习芭蕾舞，实现童年时的梦想。

在生活中偶尔爆发少女心，把生活装饰得更加美好，也会让自己心花怒放。少女心的本质是一种小女生的生活态度，是在万千变化的世界中塑造"小我"的精神境界。拥有少女心，让自己偶尔做一回小女生，体味童趣和浪漫，从繁忙的生活中短暂地跳脱，自在优雅地享受生活。

蹲下来抱抱自己
倾听来自心底的声音

所谓"正确的自己","自己"就是本真的自我,"正确"就是行为符合法律规范、社会公德,可控可识的自我,摒弃虚假、错误的恶劣面。

一个小女孩,在她三岁时爸爸出车祸死了,她跟着妈妈来到一个新家。新爸爸很懒,经常和妈妈吵架,喝醉后经常打她和妈妈,她恨死他了。小女孩的脾气也变得古怪和暴躁,在学校经常偷盗、打架,不做作业。她回家却很努力帮母亲做事,小小年纪就知道捡废品,帮人送牛奶挣钱。她说她很了解自己的状况,只希望自己能帮助妈妈分担一些忧愁。但她不知道,她有弹钢琴的天赋,一个偶然的机会,音乐老师发现了她。在老师的帮助下她开始学钢琴,并很快取得了很好的成绩。就在这时,她那个游手好闲的后爸因病瘫痪,高昂的医药费和护理费又压垮了妈妈,妈妈得了忧郁症,女孩毅然退了学,卖掉了钢琴,专心挣钱、照顾妈妈和后爸。有很多人为她惋惜,她却每天满面笑容,快乐非常。有人要向她提供帮助,她坚决不要。她说她以前不知道自己想要什么、想干什么,现在她知道了,能和妈妈爸爸快乐地相守、安静地生活才是她心中最真实的渴望。她虽然很辛苦但是她很快乐。她也并不憎恨爸爸,而是可怜他。

有个女生,她很聪明、漂亮,但是胆小没有主见,高考报志愿时，按照父母的意见学了会计，毕业顺利进了财政局，工作了之后，半推半就地嫁给了某局长的儿子。几年后丈夫外遇，强迫她离婚，她妥协了，离婚之后，她不知如何面对生活，差点带着女儿一起跳楼。苦闷的她辞去了工作，整天把自己关在家里，无以慰藉，偶然一天她在网上讲述了自己的遭遇，宣泄自己的感情，网络上的评论蜂拥而至，有人鼓励她，有人冷言冷语地打击她。就这样她持续写了一年的帖子，竟然成了网络作家。这时她开始认真地审视自己，倾听自己内心的想法，看到了真实的自己。

生而为人，客观环境是我们无法改变的，唯一可以改变的只有我们自己。在世事万变面前，保持不变的自己、真实的自己、正确的自己，方能自如地应对尘世的烦扰。

我们应该怎样做最正确的自己？

首先要了解自己，倾听自己内心的声音。了解自己就是认识自己。希腊圣城德尔斐神殿上刻录了"认识你自己"这句箴言。它的意思是人要有自知之明，不要好为人师。要记住人外有人，天外有天。要知道寸有所长，尺有所短。要时刻真诚地反省自己，通过认识自己来认识世界。

世上没有两片相同的树叶，每个人都是独一无二的个体，要认识自己独特的禀赋和价值，倾听自己内心的声音。认识自我、观照自我心灵的成长，这些都是人生的必修课。认识了最内在的自我，你就对自己胸有成竹，知道怎样生活才是如你所愿，你才能知道自己究竟应该要什么和可以要什么。

然而，最本质、内在的自我是最隐蔽的。内在自我是什么样子？它在哪里？只要你用心，就能发现，我们平时的行为和待人接物，就是最内在的自我的表态。我们对于事务的喜欢和讨厌，所表达出的喜怒哀乐就是内在的自我。留意日常中你的行为表现，那就是最本真的自我。

了解自己就是明白自己是个怎样的人，知道自己有哪些独特的地方，有哪些优点和缺点，有什么兴趣和爱好，有什么理想和志向。其次要接纳你自己，你的相貌无论美丑、高矮、胖瘦，甚至身有残疾，你就是你自己，坚信自己是世上唯一的一个，没有复制，没有克隆。你身上的每一个特点都是你特有的色彩。无论时尚流行着何种颜色，你都不用担心，也不用害怕，更不用盲目轻率地做出改变，你不是谁的附庸，你就是你，独一无二。

其次，明白最好的人生，其实就是做最真实的自己。做最好的自己，就要不断完善自我。无论你是谁，你都改变不了你的过去，你所能改变的就是现在和未来。所以，不要太纠结于过去，只把过去的错误当作经验教训，来不断完善自己。及时改变自身的缺点是我们做最好的自己的前提。

每个人都会有缺点，人无完人。认识到了缺点，就立刻写下来，列一个清单，一条一条来改正。也可以找个亲近的人监督自己的改进过程。改掉日积月累形成的不良习惯，你就向前迈进了一步。改进中不断突破自我、超越自我、完善自我，打造完美的优秀的自己。

最后，做出正确的选择，坚信自己的选择，坚持保持自己的风格。希拉里说："每一个人都不应该随波逐流，要充分地认识和相信自己，倾听自己的心声，做自己想做的事情，这样的人生或许会有曲折，但却是最有价值的，也是最好的生活方式！"

有个大学生，毕业时打算去上海工作，但是迟迟没有行动。问她为什么不去，她说在当地工作两三年等有了经验再去；再后来她谈了男朋友，就在本地买房结婚生子了。去上海工作和生活的理想，永远也永不可能实现了。

其实,有些事情无所谓对与错,人生,就是一个选择而已。有些事情当下不做,也许就再无实现的可能。坚定自己的选择,保持自己的作风,把握自己的原则,才是做自己的真谛。

作为女人,永远记住做最好的自己也是做最快乐的自己!不要过于关心人们如何看待你,保持诚实、勇敢的传统美德,善待家人,常怀感恩之心。"不与人争利益之短长,只与己争品性之长短",踏踏实实走好每一步。保持自己的良好心态,自己的风格才是最好的。

放弃固执，不是因为输了
而是因为懂了

每个人心里都有一个隐秘地带，在这个心理区域里，我们可以自我观望、不被别人打扰，安然自得。与人相处时，知进退、把握好分寸，就是在对方的隐秘地带外和他跳舞、做游戏，愉快相处。

知进退、懂分寸是一种美德。它是一种度，衡量了人与人之间的距离；它是社交的润滑剂，黏合了社会网上的每一个个体。在日常人际交往中，做一个知进退、懂分寸的女人很重要。对女人而言，掌握了分寸感，你就可以做一个讨人喜欢的女人。

把握了人际交往中的度，就把握了人际交往的最佳原则。清晰地知道与他人交往的底线，即最佳心理安全距离。牢记底线，就能居于安全地带，和别人交往时闲适自得，与他人和谐共处。与人发生矛盾，也能不妥协、气定神闲、巧妙处理、温柔调和。

知进退的女子通情达理，她们知珍惜、懂得失、明舍得，进退有度，分寸有礼。她们拥有人生最高的智慧，明白能够降临在人世间就是一种幸运，世事万物在于努力争取和有条件的交换，舍得一些东西才会获得一些东西。她们高瞻远瞩，愿意放弃眼前的既得利益，换取长远利益。

有分寸的女子如春天，微风徐徐，轻柔拂面，舒适温暖。她们落落大方，能掌握与人交往的最佳距离，知道在恰当的时间说恰当的话，让彼此的关系停留在舒适区。她们秀外慧中，能够漂亮地处理人际关系，让自己在各色各样的人之间游刃有余，入世却不世俗。

她们充满了生活智慧和人生智慧，徐徐向阳、淡定自如。她们凭借聪慧的大脑驾轻就熟地行走人间，一切问题在她们看来，都能不费吹灰之力、迎刃而解。她们如一本充满智慧的书籍，让人一读再读，留恋不已。胡蝶和阮玲玉是民国时期影视界的两大名角，彼此惺惺相惜。当胡蝶被问到她和阮玲玉演技高低的问题时，她淡定答道："论演技，我是不如阿阮的。"她回答难题时掌握了适度的分寸感，用智慧巧妙的回答，维持了跟阮玲玉关系的和平。

不懂分寸的女人会遭到别人的厌恶和反感。

我们应该怎样做，才能成为一个知进退、有分寸的女子，在家庭、爱情、职场中游刃有余、顺理得当呢？可以从以下几个方面来修炼自己、提高内涵。

第一，懂得察言观色，洞察人性。察言观色就是能迅速判断出对方的意图，理解对方行为背后的含义。要做到察言观色，就要尝试着与他人多多交往，多多观察、总结、思考。观察一个人的性格，就要观察他在不同处境时面部表情的变化，对各种遭遇的应对方法，分析、判断他的性格。了解一个人的性格，就知道了这个人性格的雷区和安全区，日常相处中，注意自己的说话方式和应对方法，就能和他和谐相处。所谓洞察人性就是注重积累生活经验和工作经验、学习事务发展规律。在爱情中找寻对方的心理安全区，让自己处于对方安全的心理地带。

第二，懂世故却不世故，圆润但不谄媚。内心自信、不卑微，与他人对话的时候，尊重他人，把自己与他人放在同一心理高度上，不仰视、不俯视、不卑微，与他人真诚、平等地交流；发自内心地赞扬别人，不讨好任何人，带着正常的心态和他人沟通；从自己的经历中总结经验教训，时刻提醒自己，聪明地应对周边瞬息万变的人情世故，与外界和谐相处。

第三，掌握对方的心理底线和心理距离。只要跟一个人长久相处，就能逐渐了解对方的心理底线和性格安全区，懂得远近有别，从而把握合适的心理距离，能在日常交往中和他人相处顺利。想要把握对方的心理底线应注意三点。首先，明白开玩笑有底线。适当的玩笑可以调节气氛，增加乐趣，但是切勿与他人开黑色玩笑，避免造成误会。其次，找到属于自己的位置，清楚明白自己的价值，把自己放置在合适的位置上，就能创造属于自己的价值。切勿认真过头、越俎代庖，做事太用力或超越自己的职权范围做别人该做的事，会引起别人的反感。最后，切勿头脑发热，要耿直有度，管好自己的嘴。与人交往时，除了要了解对方的性格，还需管好自己的嘴。切勿头脑发热，明知道不该说的话不要说，克制住自己说话的欲望和冲动，以免得罪别人；想表达的意思试着婉转地说，婉转曲折比直截了当更能让人接受。虽然婉转曲折和直接了当都能表达同一个意思，但是表达方式的不同会收获不同的效果。掌握了对方的心理底线，才能收获良好的人际关系。

做一个知进退、有分寸的女人，明事理、通世故，让人欢喜。拥有良好的人际关系就有了愉悦的心情，那么生活、工作、爱情中的一切问题，你都可以轻而易举迎刃而解了。

不完美才是人
不完满才是人生

中国有一句俗语："金无足赤，人无完人。"

人生总是充满了缺憾，我们无法找到真正完美的人，既使是那些外表光鲜亮丽、能力出众的人，也会有自己内心不愿意被提及的缺点。

其实，不完美才是人生。

有一种人对自己和他人要求过高，事事追求完美，因为他认为事事都不满意、不完美，我们把这种性格的人称为完美主义者。

完美主义者的性格首先表现为固执、死板，做事情容易给自己和他人设定很高的标准，并且不愿意变通，非要达到目标不可，不能接受过程中的一切意外。

追求完美其实并没有错，我们对每件事都追求高标准，是严谨的表现。严谨的工作态度、生活理念会让我们更接近成功。但如果追求完美变成了一种负担，我们每天都被"完美"的阴影笼罩，喘不过气，那就变成了一件很痛苦的事。

完美主义的人应该有一种"退一步海阔天空"的心理准备，志求高远固然是好的，但发现此路不通时，也要有实施B计划的打算，不要过于钻牛角尖。

挑剔是完美主义者的另一个特点。在他们眼中，人人都应该是"完美"的，当他发现工作伙伴、亲朋好友的一些小毛病时，就会忽视他们的优点，将这些缺点无限放大。这就导致完美主义者往往亲密好友很少，工作也不固定，因为他们不愿意接受他人的不足，非常挑剔。

除了对待他人过于挑剔，完美主义者对自己也很苛刻。他们不能坦然接受自己正常的心理情绪变化，比如发表演讲前的紧张情绪，本是人人都会具有的正常心理，但完美主义者不能接受这种"怯懦"的表现，所以拼命克制，反而越发紧张。其实每个人都会有不足和缺点，都有自然的情绪变化，这都是正常现象，我们坦然接受往往会很快化解开，如果非要抵抗自然规律，结果反而会适得其反。

完美主义者表面都是自信甚至有些自负的，但其实是因为他们内心深处的自卑。他们眼中的自己只有缺点，全无优点，他们只看到自己离目标的遥远距离，而未注意到自己已经到达的高度。他们不愿意肯定自己，所以就难以获得自信，越是自卑，就越不愿意被他人察觉内心想法，想尽一切办法将自己伪装成自信、完美的人。

有缺点并不可怕，可怕的是不惜代价将自己包装成完美的人。

完美与不完美是相对的，我们对完美越执着，就会对生活的不完美越苛刻。能否拥有一个幸福快乐的人生，取决于这两者在你人生中的比重。如果你对自己太苛刻，生活中的痛苦就会不自觉地被放大，一味排斥不完美，那么前方就像地狱一般毫无光明；但如果你能够接纳生活的不完美，笑对人生不如意，就会发现一切都会顺其自然地度过，这样的人生才算是真正的完美。

我们感到自卑的那些缺点和连自己都厌恶的特质，其实是我们最宝贵的财富。好比你觉得手机里的音乐声音太大了，吵扰你让你无法安心工作，甚至会羞愧影响了别人，但其实你只需要将音量调小，就会发现音乐其实很悦耳，当你疲劳的时候甚至能够放松身心。缺点与优点，只在你调节"音量"的那一瞬间就发生了变化。

只要你能将"音量"调节到合适的程度，你就会意识到，你的"缺点"其实正是你独特的优点。它们非但不会成为你成功路上的绊脚石，反而会推着你向前，让你收获更多的称赞。

林清玄说："你有一些未完成的遗憾来温存，既不求全，也不责备，随性而不随俗，随意而不随便，如空中苍鹰，顺气流飞开，如海中游鱼随浪涛而自由自在，未完成才是人生。"

你需要做的，就是学会接纳自己的不完美。

发现缺点，一味地抱怨、抵制、"掩耳盗铃"都是无济于事的，只有从心底接纳缺点，才能更坦然地去改变它，赋予它变成"完美"的机会。把不完美当作人生一项必修课吧，当我们遇到不完美时唯一能做的就是：认真对待，接纳它的存在并改变它，给自己塑造一颗坚韧、豁达的心，这样我们才能收获真正快乐的人生。

真正的智者，往往都会明白完美是一定会有缺憾的。接纳缺憾就是珍惜眼前所拥有的，过分追求极致的完美，往往会失去绚丽的风景！

我们的一生有很多阶段，每经历一个阶段都必然会遇到不尽人意的"不完美"，学业上的不顺心、感情的背叛、事业的困扰……这些都构成了我们眼中不完美的人生。

老子所说的"无为而治"并非"坐等天命"，不完美并非自暴自弃、坐以待毙。我们应该抱着"焚膏油""恒兀兀"的态度，正所谓"衣带渐宽终不悔"，如此才能得此间真味。

《季羡林谈人生》中有一句话可与君共勉："每个人都争取一个完满的人生。然而，自古及今，海内海外，一个百分之百完满的人生是没有的。所以我说，不完满才是人生。"

不做第一
只做唯一

我们在这世界上找不到第二个与自己长相一样的人，每个人都是最独特的个体，但为什么还会有平庸和独特之分呢？

只要有群体就总会有出众的人存在。你会在他身上发现了自己不曾有的特质，其他人与之相比，立刻就会显得平庸，这是因为他的容貌超过所有人吗？

答案是否定的。一个人的容貌只是个人魅力中的一个因素，真正吸引众人目光的还是他独特的内在。

细心观察身边"出众"的人，他们大多拥有鲜明的个性。在西方，个性一词源于拉丁语Persona，它有两个含义：原指演员在舞台上所戴的假面具，后来指演员角色——一个具有特殊性格的人。所以一般来说，个性不仅指一个人的外在表现，而且指一个人独特的内在。

在当今的社会生活中，讲究追求个性，讲究与众不同已蔚然成风。追求个性和与众不同固然是值得肯定的，但是如果每个人都将先例作为目标去追求，那么是不是又都趋同了呢？

想做到与众不同，首先思想上要有突破，还要具有一定的魄力和气质。

西方世界曾经有一个未解难题：有一个死结，相传"谁能解开它,世界就是谁的",这个死结几百年无人能解开。直到亚历山大大帝出世,他没有像前人一样苦苦地去研究这个结的构造、机关,而是拿出剑劈断了这个结。随后不久,他就彻底征服了世界。

这个例子并不是崇尚武力解决问题,而是旨在告诉我们,如果只是局限在原有的思维定式里,哪怕你解决了问题,也只能说你在某一方面的技艺达到了登峰造极的境界,但却无法做到与众不同。我们在生活中不会遇到这种世界难题,但不代表突破思想就没有施展之处。

做一个事业上的强者,坚信不管是在生活还是在事业上,女性也可以和男性一样有所建树。传统思想认为"女子无才便是德",更何况是与男性比肩甚至超越男性。那么作为一个与众不同的女性,要打破这种思维定式带给我们的禁锢,大声说出"谁说女子不如男"。

女性也可以在事业上取得成功。在很多行业中,女性比男性更具有优势,更有可能闯出一片天地,她们将自己的美丽、真诚、认真带进了工作中,有魄力地挣脱了家庭对她们的束缚,在兼顾好家庭的同时,用自己的双手向被迫成为"家庭主妇"的女性证明了自己的与众不同。

吉米·约翰逊说过:"平凡无奇和与众不同的区别就是那么额外的一点点。"

那么我们所缺的那一点点究竟是什么呢?

首先,你要敢于去做与别人有霄壤之别的事情。

真正与众不同的人,绝不会是愿意随大流的人。想要摆脱碌碌无为的生活,给身边的生活圈带来持续的影响,就要选择一条适合自己的、与别人截然不同的道路。这样的选择也许会带给你许多未知的艰险磨难,也许你还在坚持的途中别人却早已取得成功,但这些都不能阻止你走完你的道路，你要改变、要变得与众不同，就注定要承受这些。

真正克服了这些身体上的磨难、心理上的困境，你就会突破常规，成为一个与众不同的人。

其次，你要大胆对自己有所期待。

出众者一定是对自己有充分的自信和期待的。如果你对自己毫无期待，那么你很难从平庸中脱颖而出。花些时间真正了解自己，弄清楚自己想要获得什么，给自己定一个"伟大"的目标，并努力去实现它。

这里"伟大"的定义并不是什么丰功伟绩，而是你自身想要改变的、提升的。譬如你可以将其定义为今年年绩效奖评取得部门第一，或是五年内升到部门主管……甚至，你可以期望自己变得更大度、更有胆量，这些都是你的"伟大"之处。

除此之外，你还要学会不去在意他人的眼光。

当你走上改变的道路，偏离传统大众的你很快就会发现，越来越多的人开始不理解你，他们发现了你的改变，或是出于嫉妒、或是出于好奇，会对你做出一些评判，如果你太过在意这些话语，就会被打败。

虽然我们每个人都嚷嚷着要改变、要突破自我，但很少有人真的迈出那一步，这就是为什么世界上还是平庸的人居多的原因。所以当我们真正踏出了脚步，离他们越来越远时，他们会感到威胁，就会对你做出各种评价。你需要学会将这些略带刺耳的话语化为激励你前进的动力，不然他人的评论或许会使你半途而废。

记住，当你获得的批评评价越多，就代表了你选择的道路越正确。

最后，把自己当做最好的榜样。

把自己当做榜样是通向与众不同的最有效途径。我们每个人都需要榜样，榜样是前进路上的学习目标，给我们坚持下去的信念，但我们为什么不能成为自己的榜样呢？我们想要与别人不一样，就要先肯定自己，我们应该意识到自己带给他人的改变，这种影响会持续长久地存在。意识到这一点并牢记在心，才会成就更多，也会更有勇气面对挫折。

做到这四个"一点点"，你就迈开了从平凡无奇到与众不同的脚步。

清楚地认识自己，了解自己真正想要的是什么，是随大流还是脱颖而出？确定自己要做一个"与众不同"的人，并为之付出努力，这才是能够使人进步的根本。

既便你所认可的东西在努力过程中不被周围人认可，但我坚信，只有不受外界世俗的影响，清楚认知自己的人才能够活得精彩，笑得开怀。最终的成功会向所有人证明，你今天所坚持的一切都是值得的。

而这样的你，也就是与众不同的你。

处处谨小慎微，害怕麻烦找上门
不如善用人际关系
善用人际关系才是重中之重

我们总是习惯独立思考，独自生活，所以当我们遇到困难和挫折时，首先想到的还是如何通过自己的力量解决问题，尽量做到"不求人、少求人"。觉得开口请求别人帮助，是自己实力不足的表现，这样的想法在现代社会是错误的。

现代社会是一张紧密联系的网，是一张充满人情味的网。许多事情，仅仅依靠我们个人单薄有限的力量是无法完成的，这时候拥有不同领域的朋友，就显出了独特的优势。一个真正有智慧的人，是善于借助人脉资源，在最短的时间内采用最有效的措施解决问题。

牛顿作为杰出的物理学家，他坦称自己是"站在巨人的肩膀上"完成研究的。学会利用人际资源，适当的时候求助他人，这并不是一件丢脸的事。

懂得利用人际关系很重要。美国钢铁大王、成功学大师卡耐基做了一个长期研究，得出了这样的结论："专业知识对一个人成功所起的作用只占15%，而其余的85%则取决于人际关系。"这句话告诉我们，想要到达成功的彼岸，光有纯熟的专业技能知识是远远不够的，雄厚的人际资源对成功的价值往往更甚于专业知识。

由此可见，有价值的人际资源对我们的事业成功是何等的重要。

"朋友多,路好走!"这句古话虽然粗浅,倒也说出了人脉的重要性。有的人没有朋友所以得不到帮助,只好自己奋力抵抗困难,但在现代社会,没有朋友的毕竟还是少数,更多的人是有了朋友却也无人帮助。这是为什么呢?

拥有朋友却无人帮助,这是不懂得利用自己的人际资源。从事销售行业的人应该都有体会,想去拜访新的客户,让他接纳自己的产品、对销售员产生信任是非常艰难又费时费力的事情。所以销售的培训中有很重要的一项课程:清楚"蜘蛛织网"原理,要会利用已有的"人际关系网",在这个关系网的基础上进行"编织"。蜘蛛在原有的旧网上进行耕织,速度一定是比重新织一张网要快的。

也许有人会认为,善用人际资源只适用于在商界、职场摸爬滚打的精英人士,似乎对于普通女性并没有什么用处。她们的交际圈并不大,认识的人也没有什么达官显贵,朋友们似乎都"拿不出手",这样的人际关系也会有帮助吗?

答案是肯定的。不管你是精英还是普通女性,人脉资源都是有价值的。伟人有伟人的能力,普通人也有普通人的本事。当你在陌生的城市生病,躺在病床上动弹不得,打电话给平日的好友也是一种求助,好友的照顾、陪伴会让你更快地摆脱病痛;错过了唯一的班车,请顺路的邻居捎上一程,也是一种求助,避免了上班迟到带来的一系列麻烦……这样的例子还有很多,给予我们帮助的都是生活中的普通人,却帮我们解决了大问题。

那么,该怎样利用人际资源呢?

1. 对自己的人际圈进行分类

对人际圈有一个明确的分类,有助于我们在遇到紧急问题时,不会拖延太多时间,能够快速找到可以咨询的朋友。这样的境界是很高的，身边随时都有可以协助你的专业人士，一通电话就可以找到问题的突破口。到了这种境界，才算是将人际资源最大程度地利用起来了。

但需要注意的是，我们在进行社会交往、求助的时候，应该把握住一个度，万万不可滥用人际资源，自己力所能及的事情不要麻烦别人。自己解决不了的可以求助于朋友寻求建议，但更多的还是要依靠自己的能力。

2. 切勿功利交友，对朋友要真诚相待

俗话说，"平时不烧香，临时抱佛脚。"当你遇到困难时才想起来烧香拜佛祈求庇护，即使佛祖灵验，也不会帮助你。因为你心中不够虔诚，只是将佛祖当作解决麻烦的工具，佛祖又怎么会帮助你呢？道理是相同的，与人交往切忌怀有这样的功利之心，遇到棘手之事时才想起来去联络朋友，朋友又怎么会帮助你呢？

与朋友交往时，我们必须做到诚实、守信、乐于助人，用真诚的态度对待朋友，这样才能得到他们的信赖，才能在我们遇到困难时伸出援手。

3. 要向朋友展示你的价值

我们在扩展自己的社交圈时，会情不自禁地去寻找、结交那些比自己成功的人，这是正常的社交现象，别人当然也是这样。

如果你想拓宽自己的交际圈，就要将你的价值展示出来，用你独特的魅力、思想与智慧去赢得别人的赞赏。告诉别人你能为他带来什么价值，这一点非常重要。

多读书充实自己的头脑，多去看看外面的世界拓宽自己的眼界，拥有几项拿得出手的技艺，自信能够让你在各种场合都脱颖而出。

朋友遇到困难时，我们应该将我们的价值贡献出来去帮助他们，帮助他人是证实自己价值的最好方式，会收获更真诚的朋友。

4. 友情应该长久积累培养

这个世界是相互的。平日里你真诚对待他人，你遇到危机时，他们也会毫不犹豫地全力帮助你。

经过长久浇灌的友谊之花才最芬芳，对待朋友不可急功近利。娇艳的花朵需要精心呵护，稳实的交际圈是需要用心经营的。

所以，要养成经营人脉的习惯，把目光放长远，不局限于细小的援助，未来的大挫折也许正是这些看似平日没有什么帮助的朋友陪你克服的。

对不同亲疏关系的朋友，要有相应的联络方式。在对方生日、公司纪念日，不妨打个问候电话，送上你的祝福，让朋友知道你对这份友情的重视；亲熟的好友，日常的联系更是必不可少，保持不间断的联系是让感情升华的基础。

在好莱坞盛行着这样一句话："一个人能否成功，不在于你知道什么，而是在于你认识谁。"

大多数人以为，只有从事保险、业务员、销售行业的人才需要重视人脉，实则不然。生活在这个社会里的每一个人，拥有人脉就等同于拥有了一份支柱。想要实现梦想、活出精彩人生，就必须要善用人脉资源。

保护婚姻
不是让你放弃事业

《大西洋月刊》2012年7月刊的封面文章是《女人无法拥有一切》。文章阐述了美国前国务院高官安玛丽·斯劳特的观点：在当前的世界经济和社会架构之下，女性在家庭和事业之间的矛盾将会长期存在，新的一代所认为的"女人可以拥有一切"并不现实。

女性在家庭和事业之间的矛盾，真的不可调和吗？

中国传统观念认为"男主外，女主内"，男人在社会上打拼，赚钱养家，女人留在家中相夫教子，将自己的一生时光都用在操持家务上。但随着女性地位的不断提升，女性逐渐摆脱了传统"家庭主妇"角色的束缚，而是开始步入职场，追求男女平等，与男性平起平坐，用自己的双手闯出一片天地。

当女性在事业上站稳了脚跟，和男性一样创造财富、奉献社会时，她身后的羁绊也就越发显露。女性作为一个独特的群体，一直是家庭的核心，即使不再被家庭伦理所禁锢，但仍无法真正完全脱离。家庭在女性心中仍占据相当的比重：儿女的教育和照料、家庭环境的打理、家人的饮食准备……每一个拥有了家庭的女性都不得不在这上面花费大量时间。

鱼与熊掌不可兼得，当你想在事业上取得更多的成功时，就不可避免地会失去部分家庭生活；同理，当你将精力大部分放在照顾家庭上的时候，就会在工作时感到力不从心、精神不济。

那么在事业和家庭之间，女性该如何找到最佳的平衡点呢？

对此，女强人的代表杨澜女士的回答或许可以很好地诠释这一问题。

杨澜说："我曾经有个比喻：无论是男人或是女人都要担两桶水，这两桶水分别是事业和家庭。有的人觉得，如果我只挑一桶水会不会省点儿劲，但是力学的原理告诉我们不会。你一只手拎一只水桶特别沉，还不如拿一根扁担挑两桶水，这两个水桶彼此间有一个平衡关系。大家都是要挑这两桶水的，人生这一路上肯定会有两个桶不一样重的时候，也有可能洒出一点儿水的时候，不过每个人都在尽可能平衡两个水桶之间的平衡，希望在到达终点的时候不要洒得太多。"

家庭和事业，就是每个人一生都需要担着的两桶水，这两桶水重量相等，如果我们只负担其中一个会觉得很吃力，但当我们用一根扁担保持两者的平衡，反而会觉得重量有所减轻。事业和家庭对于女性来说，缺一不可，同样重要，无法舍弃掉任何一个。但我们为了不让桶中的水在行走途中洒太多，就要寻找一个平衡点。

这个平衡点，就是解决女性在事业、家庭之间矛盾的切入点。在这里，归纳为三点。

1. 建立内在的平衡

不是一味地学习成功女性的育儿经、事业传就可以解决自己的矛盾，真正认识到自己是个什么样的人，自己的定位是什么，追求的是什么，适当做出"加减法"，搞清楚了这些才能够将平衡系统建立起来。

女性要对自己拥有的众多社会角色有一个较清晰的轻重区分。如果对自己的定位是做一个平凡的职场女性，更多追求的是家庭幸福和睦，那么就可以适当对工作做些"减法"，而对生活做"加法"。应酬可以适当推掉一些，留出时间帮孩子检查作业；不太紧要的工作可以适当留到明天，省去加班的时间回家……心中的天平让我们不至于变成一个盲目不知停止的陀螺。

2. 要学会权衡所扮演的角色

婚后的职场女性就不再只是一个人，而是同时拥有"职场女性"和"家庭成员"两个角色。在事业上打拼的女性通常会被磨练出男人般的钢铁意志，这使她们在职场上笑傲群雄。这固然是优点，可是若将这种强势带入家庭，就略显不妥。回到家中，不妨将心防的铠甲卸掉，回归真我，像朋友般与孩子、丈夫交流心声，将工作上的烦恼、情绪抛在脑后，用心享受家庭带来的温暖。

事业上是强势果断的女强人角色，事业伙伴需要的是你"一是一，二是二"的冷静意志；家庭中是温柔的妻子、母亲角色，丈夫、孩子需要的是你温柔、体贴的关心，只有真正意识到自己的双重定位和自己的价值，才能很好地维持家庭和事业的平衡。

3. 合理地分配时间

不论你是一个家庭主妇还是职场女性，有一个科学合理的时间安排都是必不可少的。

一天只有24个小时，女性如果要把时间留给工作、应酬，留给丈夫、孩子，还要留给自己和父母、朋友，这几乎是不可能实现的。时间能够被分配，我们的精力却无法达到，所以给自己制定一个长一些的计划吧。

工作日的白天留给工作；下班时间交给家庭；周六不妨抽出一天的时间和朋友一起放松一下；与父母商量一个时间，每周或每月按时的去看望他们……这些事情一旦形成固定的习惯，你就会发觉生活不再毫无头绪，一切都有规律起来，事业与家庭开始逐渐融合，和睦相处。

时间被分配好后，用心投入也是必不可少的。女性平衡事业和家庭的关键更在于主体投入的程度，哪怕你没有办法花很多时间陪在孩子身边，但只要你真心地陪伴孩子，孩子就能感受到妈妈对自己最真挚的爱；同样，出门前给丈夫整理一下领带，叮嘱他路上注意安全，这些细小的动作会让丈夫心中温暖许久，感受到你真正的关心。

总之，对于女性来说，解决家庭和事业矛盾的关键不在于数量，而是质量。平衡力不仅仅是让平衡者寻找轻松合理的搭配，也会对需要平衡的事物产生影响。"家和万事兴"，如果女性不能很好地平衡家庭生活，那么她在事业上也必然不会走得长远；反之亦然。只有拥有较强的平衡能力，不断地去反思自我需求，知道什么时候进，什么时候退，舍弃什么，获得什么，从而实现家庭事业双丰收。

| 附 录 |

和美女息息相关的小诀窍

4种"时尚习惯"危害健康

1. 穿"摇摇欲坠"的高跟鞋

也许你以前也听说过,穿过高的高跟鞋对身体的损害非常大。纽约健身健康专家托雷斯说,你穿高跟鞋的时候,脚和躯干向前倾斜而身体向后倾,使得脊柱承受了巨大的压力。若是几周、几个月甚至几年天天如此,就会改变人体的运动知觉,并且诱发脚趾抽筋、小腿疼痛和背部臀部疼痛等病症。

2. 背过大的包包

包越大,就可以装越多的东西,这无疑是件好事。但托雷斯说,物品在包内分布不均会导致肌肉压力失衡,进而引起一系列与身体对称有关的问题(例如高低肩)。更糟糕的是,过于沉重的袋子会造成肩、颈、脊柱疼痛,躯干会对压力过重的部位进行优先处理。不过这里也有一个解决方案:一个星期选择一天让身体放松,可以随身携带一个小袋子,不带任何重物,让身体各部位彻底处于放空状态。

3. 努力节食追求"时尚瘦"

过分控制饮食、追求瘦身效果会减慢身体的新陈代谢,从而走上"越减越肥"、体重增加的道路。托雷斯说,这样的做法适得其反,禁食的最终结果是吃得更多。

4."及时行乐"的心态

这个座右铭现在很流行,但也非常容易让人冲动,进而做出具有"破坏性"的行为。从不良的饮食习惯到买一个超出预算的名牌包,都会让你的身体和生活发生改变。我们的生命只有一次,在选择享乐的同时,要多做那些有益于身体和心灵长期发展的事。

减肥总不见效果的 7 个原因

你是否每天都在减肥可收效甚微?如果是这样,那说明你的减肥方法不对哟!快来看看日常哪些坏习惯会阻止你变瘦吧!

1. 早餐吃得少

每天早上匆匆忙忙出门,只咬一口包子,没有摄入充足的蛋白质,会导致你在晚些时候吃得更多。

2. 健身前不吃东西

阿肯色大学的一项研究表明,在运动之前吃高蛋白食品的女性,运动30分钟燃烧的热量比那些空腹运动的人要高。此外,空腹运动后,人饥饿感会加倍,会忍不住把刚刚消耗的热量又吃了回来。

3. 独自一人健身

集体健身更有效果。如果你不想加入一个大团体,那就邀约两三个朋友一起运动,会起到双倍的激励作用,促使减肥成功。

4. 太勤于称体重

在一项最新的研究中,那些懂得让自己放松的节食者比那些整天对体重数字耿耿于怀的人,减肥效果更好。学会避免焦虑和情绪化进食,会让你更加接近减肥目标。

5. 喝无糖汽水

根据最近的一项研究,喝无糖汽水的节食者,实际上潜意识里都会在餐食中把未摄入的糖分补回来,最终摄入的糖分并没有减少。当然,喝矿泉水还是最佳选择。

6. 只做有氧运动

如果你只做心肺有氧运动,却忽略力量训练,那一开始减掉的只是水分。有氧运动和力量训练相结合,会让热量燃烧得更快,大大提高减肥成效。

7. 只进行轻重量力量训练

在健身房的力量训练区,女人们都不会去使用重器械,怕"长肌肉",然而这种担心完全没有必要。用更重一点的器械,只会让你燃烧更多体重,忍受一时之重,带来的却是轻盈的身体,何乐而不为呢?

自拍狂魔注意了
5大毛孔护理误区给你拆台

误区一：用冰水洗脸，毛孔却越洗越大

冰水洗脸能起到一定的收缩毛孔的效果，听起来好有道理对不对？但实际上冰水温度低，很难溶解肌肤分泌的油脂与暗藏的污垢，进而造成毛孔阻塞现象。另外，冷水的低温感虽起到了让毛孔物理收缩的作用，但也降低了肌肤对养分的吸收力，让护肤品内的营养和水分无法浸润到肌底，长久以往反而会令皮肤出现干燥、松弛现象，毛孔不小反大。

误区二：盲目去角质

毛孔粗大就要去除角质，但也要分情况好不好！如果是角质层堆积造成的黑头粉刺将毛孔撑大，那去角质一定没错。但如果是肌肤老化而引起的毛孔问题，去角质不仅不能解决问题，反而会降低肌肤的保水度、加速毛孔细胞的老化。

误区三：拒绝磨砂膏

很多小伙伴会担心磨砂膏让毛孔变大，所以坚定地拒绝使用磨砂膏。OH NO！其实，只要不是角质层特别薄或敏感性肤质，可以清除毛孔内脏东西的磨砂膏是可以用来清除堵塞毛孔的老化角质的。不过要注意手法，力度要轻，时间也不要太久，每周一次完全OK。

误区四：依赖酒精收敛水

可以瞬间收缩毛孔的收敛水对于油性皮肤毛孔肌肤来说不要太爽，但是如果养成酒精收敛水依赖症就不好了。要知道，这种收敛水是依仗酒精的清凉感加上凝固角质蛋白来实现暂时的收紧毛孔功效，很快就会恢复原样，根本无法从本质上改善毛孔粗大的问题。还是使用靠谱的补水精华，从根源补充水分，让肌肤从肌底补充营养才是治本之法。

误区五：患上挤痘强迫症

长了颗痘痘怎么办，强迫症患者一定要先挤掉再说！但是在挤痘痘的过程中，痘痘周围肌肤的毛孔组织同样受到压迫，从而发生变形，然后就是痘痘挤掉了，但毛孔却很难恢复弹性和支撑力，于是油脂和污垢便在门户大开的毛孔里快乐生活，不仅毛孔越变越大，还会造成各种感染，这也是为什么痘痘越挤越多的道理。正确的做法是使用正规的祛痘产品进行修护，改善生活习惯，让痘痘从根源上得到克制。

运动减肥会瘦胸吗

相信女性朋友都知道，美女除了要有漂亮的身材以外，还需要性感的事业线。所以有一些微胖的女性朋友为了让自己变得更美，而通过运动来达到减肥的目的。但是很多女性都会担心运动减肥会瘦胸，如何才能够避免这种情况发生呢？

1. 有可能会

从健身运动的情况来看，若是女性朋友只专注于一个肥胖的部位来进行锻炼，忽略了其他部位，就很容易就出现肥胖部位瘦了胸也瘦了的情况。要想避免这种情况，在进行瘦身锻炼的时候还需要适当地做一些胸部运动。因为只有当胸部下面的肌肉足够有弹性，乳房才会在它的承托下显现出更高的位置，从而使胸部变得更加挺拔。

2. 运动内衣

在运动的过程中，女性朋友一定要给自己准备一件好一点的运动内衣，因为运动内衣能够为乳房提供更稳定的支撑力，并且避免运动过程中不必要的拉扯，从而避免胸部出现变形的情况。事实上，乳房就依靠着表面的一层皮来包裹着脂肪，若是在运动过程中经常摇晃，不但会拉扯到皮肤，还有可能导致皮肤松弛和乳房下垂。

看完这些，相信大家都已经知道了运动减肥是否会瘦胸这个问题的答案，也知道该如何来避免这种情况。所以，大家在运动的过程中，一定要掌握基本的注意事项，千万不能掉以轻心，这样才能够达到最好的健身效果，使我们的身材越来越好。

保鲜膜减肥副作用这么多
你还敢试吗

保鲜膜减肥法相信大家都不陌生吧！但是，保鲜膜减肥法有用吗？它是利用保鲜膜较低的透气性，让身体局部热量急剧增加，从而引起大量排汗而燃烧消耗脂肪，最后达到减肥瘦身的效果。其实保鲜膜减肥法的原理和利尿剂一样，通过减少身体水分来达到减轻体重的目的。

裹住的部位明显比未包裹的地方出汗多，可以加速脂肪燃烧，因此受到许多迫切希望瘦身的妹纸的拥戴。可是，快放下你手中的保鲜膜，因为，它不仅没有效果，而且还有很多副作用！

1. 减去的是水分

保鲜膜减肥法的原理和利尿剂差不多，主要是通过减掉身体水分而达到减轻体重的目的和效果，减掉的只是体内的水分而不是脂肪肥肉，所以一喝水体重就恢复了，类似桑拿、蒸汽浴或者穿塑料衣服跑步等。

2. 有过敏危险

由于身体被保鲜膜包裹，细胞因不能正常代谢而过度失水，皮肤被保鲜膜包裹影响到汗液的正常挥发，易产生副作用。长时间用保鲜膜包裹身体，会使皮肤无法散热而导致汗液积存在局部，容易引起湿疹、毛囊炎等皮肤病。再加上保鲜膜是化学制品，还容易引起皮肤过敏，对身体造成危害。

3. 保鲜膜会降酶活性

再说了，脂肪燃烧的过程有许多酶参与，而人体内酶反应的最佳温度在35℃~40℃之间，一旦超过40℃酶活性就会剧降，甚至分解。因此保鲜膜包裹皮肤造成的局部高温不一定能促进脂肪消耗，还可能起到反效果。

4. 析出的毒素或进入体内

有的保鲜膜质量不好，我们运动时，身体产热，随着温度的升高，保鲜膜还会有毒素析出，这些毒素很可能会进入人体。其实，减肥最重要的一点就是消耗的能量大于摄入的能量。所以运动很重要。

5. 对人体温度平衡不利

包裹保鲜膜运动使得局部温度升高，容易造成身体脱水，人看上去瘦了，但并没有消耗掉脂肪。实际上运动中人体最佳的温度是37.2℃，人为升高体温反而不利于健康。

瘦身好难？管不住嘴又迈不开腿？这里为大家整理了一些减肥不反弹的小妙招哟！

1. 补充充足的水分

减肥成功之后要保持体重，注意每天补充足量的水以加速身体的新陈代谢，身体在缺水的状态下新陈代谢缓慢，很容易使人发胖。一般每天喝8杯水左右能够满足身体需要。

2. 计算食物的热量

发胖的原因一般是热量摄取高于热量消耗。了解食物的热量，计算、记录每天摄取的食物及热量，不但能作为追踪热量消耗的依据，进食时也能自我节制或选择性地摄取食物，养成健康的饮食习惯。

3. 买小包装的食物

研究表明，如果买大包装的食物，我们多吃的量高达44%。与那些小的、单份包装的食物相比，大包装的食物会大大提高一次食用多份的几率。所以尽量选择小包装的食物。

4. 减轻饭前的饥饿感

为了防止用餐时过量进食，可以在饭前一个小时左右食用一些小点心，例如一块硬奶酪、一个苹果或低糖奶酪。这有助于减少饥饿感，防止在丰盛的餐桌前吃得太多。

5. 计划三餐饮食

提前计划好自己的三餐饮食，有指标可循较为容易控制食量。每天的进食时间要有严格的计划。在减肥成功之后尽管不需要再节食，但是要想保持体重，就不宜在不必要的时间内进食。比如每天可以少量、适当地加一餐，但睡觉前5个小时内不宜吃东西，因为睡眠时身体热量消耗少，很容易导致脂肪囤积。

6. 饭后适当运动

饭后半小时左右散步或者站立30分钟能够帮助加速消化，也能够避免大量热量堆积引起体重上升。特别是肚子上容易堆积赘肉的人，饭后适当运动能够减少肚子上的赘肉，还能够加速热量消耗。

7. 塑造肌肉

重量训练（即阻力训练）能增加肌肉，而肌肉的代谢量为脂肪的八倍，即肌肉组织越多，越能消耗更多热量。尚未进行重量训练者，建议现在就将它加入课程中。已进行训练者，渐序增加重量，持续挑战自我。

8. 饮食结构合理化

减肥成功后的饮食最好包括瘦肉蛋白质，比如说家禽、鱼类、鸡蛋或者是低脂奶制品。除了碳水化合物之外，还要有丰富的蔬菜和水果。保证你吃的蔬菜和水果都是不同颜色的（不同的颜色意味着不同的营养），每餐都要细嚼慢咽，每餐都要营养均衡。

关于睡眠质量的 5个惊人事实

每天，我们常被阳光和已经改变的生物钟影响，难以维持良好的睡眠，而白天又反复犯困。这里有5个让你惊讶的事实，只要稍加注意，你就能得到更完美的睡眠。

1. 脚部要保暖

睡眠时，屋里的温度保持在15~20摄氏度之间是较合适的，如果脚部够暖和，足底血管扩张，就会给大脑传递可以进入睡眠状态的信号。

2. 别吃褪黑素，试试樱桃

给你一个让你吃樱桃的理由。偏酸的樱桃是褪黑素的天然来源，有研究表明，连续两周每天喝两杯樱桃汁，有助于每天增加睡眠长达90分钟。所以睡前1小时吃樱桃或者喝樱桃汁都有助于睡眠。

3. 下午4点后戴上墨镜

研究表明，你白天越少看到太阳，晚上你的褪黑素就分泌得越多。我们不建议你整天躲着太阳，如果你有睡眠障碍，那么下午4点以后戴上墨镜，对你晚间分泌褪黑素有很大帮助。

4. 别用薄荷味的牙膏

相信你一定知道，薄荷带有醒肤的功能，虽然它能够让你的口腔没有炎症，但也能使你无法很快入眠。换成其他味道的牙膏比如草莓、甘草的，都可以。

5. 倒立是一项有助于睡眠的运动

你一定超级羡慕陈意涵的倒立，其实倒立还能够帮助睡眠。这是真的，倒立可以刺激松果体，它是专门调节睡眠和苏醒周期的。

9种坐姿
暴露女人的潜藏本质

1. 坐满整张椅子

这种坐姿的人一般是个生活中的强者，热情洋溢而又有一技之长，随处都可安身立命。另外，这种人责任感很强，做事有始有终，任谁都可以对她完全放心，所以事业上较为顺畅。追求爱情的本事她算不上第一，但韧性很强又不怕挫折，使她最终能如愿以偿找到自己真正喜欢的另一半。在爱情上愈挫愈勇的品格，绝对值得那些胆小而又害怕失败的女人效法！

2. 只坐在椅子的前半部分

这种坐姿的人是个性格内向但善于倾听的女人。亲和力强，容易受人信赖。有时她显得太弱了一点，有点过于迁就他人之嫌。可在爱情方面，她的迁就、体贴、多情，恰巧成了迷住男性的优点，因此，她是个具有成熟心性、对爱认真可信的人。

3. 坐下时两只脚张得大大的

这是一个让人搞不懂的女人，在公众场合，她显得活力四射、热情爽朗，经常与熟悉或陌生的人谈笑风生、妙语不断。在一个人独处时，她却又心情郁闷，心事难平，常常想一些令自己不愉快的事。其实，她并不是那么难以捉摸的，偶尔郁闷低沉，是她善于思考、心性敏感的表现。对于爱情，她却是真的有点看不开，爱上的人如果不能同她相恋，她会为之心痛难忍、倍受煎熬。要记住，痴心、专情是一回事，有没有缘分又是另一回事。

4. 常常跷着二郎腿

这是一个孤芳自赏却严于律己的女人，总是以高标准来要求自己，而且在实际工作中的确成就显著，能力出众。只不过有时显得太自大了，很多人会不满她目中无人式的行动而拒绝成为她的知交好友！对于将来的丈夫，她的要求可谓事无巨细，连对方的衣着、谈吐、走路的姿态她都会时不时"建议"一番，但能忍受这些的驯良另一半，在今天已经不多见了。

5. 轻坐于椅子前端者

有坚忍的毅力，重实践而不安于静态的人，与人商谈或销售商品时，采取这种坐姿最为适宜。若要诱使对方急下断语时，深坐椅子不如采用浅坐来得恰当。

6. 深坐大开两脚者

这种坐法者，喜欢社交、乐于助人。虽然很容易亲近，但不易深入了解，以致同做一件工作，有时和睦相处，有时却恶感满满。对于他人求助之事，碍于情面，不便婉拒而轻易答应，是其缺点。

7. 左足放在右腿上者

具有丰富的常识，属于慎重派的人。认为善举者，努力去实践它。另一方面，愿意接纳他人的意见，并积极地创新工作。时常采取这种坐法者，自然而然会变成积极主动的人。

8. 右足放于左脚上者

时时注意周围的人，究竟以何种眼光看她。如此过分紧张、神经过敏，以致浪费金钱。不过，工作和恋爱方面会大有收获。其生活亦属多彩多姿，不断有新局面产生。在深信将有惊人收获时，一定倾尽全力，非完成不可。

9. 两膝紧贴者

坐着两膝紧贴的人，行事消极，财运也较为薄弱。憧憬着高远的目标，并时常想依赖年长的男性或双亲。不甘于孤独寂寞而欲求热闹场面。

5个大师级的遮瑕技巧

对妆容的清益求精令我们越来越想遮盖掉脸上的每个瑕疵，因此使用遮瑕膏已经是化妆必备的一道工序。要像化妆师一样完美遮瑕，你需要这5个技巧。

1. 保湿、保湿、保湿

无论在哪个部位使用遮瑕膏，保湿都是第一步。尤其是眼周，最好使用含有咖啡因成分的眼霜，能够让眼周去除水肿，也可以让遮瑕效果更好更持久。

2. 选择适合自己的质地

从质地到颜色，选择适合自己的遮瑕膏就成功了一半。最大的错误就是选择比肤色深一个色号的遮瑕产品。从质地上，试用时尽量用手指，不会留下指纹的就是适合你的遮瑕产品。

3. 用化妆刷涂遮瑕膏比手指效果更好

首先化妆刷没有温度，不会让遮瑕膏变得不均匀；其次在选择刷子时，尽量选择椭圆形的刷子，它能够在眼周打造更好的妆容。

4. 必须在粉底之后再用遮瑕膏

要记住，一定要在用完粉底之后再使用遮瑕产品，因为粉底本身已经为肌肤提供了一层遮盖力，再用遮瑕时，你就会自觉酌量减少遮瑕的用量。

5. 用了遮瑕膏之后

如果你用遮瑕膏结束化妆过程，那你就错过了重要的一步。一定记得要扫上蜜粉才算妆容完成。细微的蜜粉颗粒能够锁住遮瑕膏和粉底，尽量不要用过于闪亮的蜜粉，因为它会让肌肤纹理更突出。如果想要肤色润泽，将光泽这步留给妆前乳。

星范清透底妆一步拥有

想要"赤诚相见"不画浓妆,想要在一天忙碌的工作结束后轻轻松松地去约会,想要在各种环境无负担地聊天,这里就告诉大家底妆的重要性。

1. 彩妆不可或缺的第一步

底妆产品有妆底液、粉饼、粉霜、粉膏、散粉、蜜粉饼和遮瑕膏等。其中最常见、使用最多的就是妆底液。妆底液基本上都是以硅酮为主的清爽型保湿品,硅酮可以使化妆品更容易在脸上推开,使皮肤更光滑,而且妆底液吸收之后,还可以减少皮肤油光,呈现哑光雾面妆感。

大多数人都不知道妆底液的重要性。拥有光滑、细致肌肤的人无法直接体会到妆底液保护肌肤的感受,只有中油性肤质的人上粉底前想要使皮肤变得更光滑才会想到用妆底液。但是妆底液是一切彩妆的基础,想要在化妆的同时保护裸露的肌肤,那记得上妆前一定要先抹上妆底液。值得注意的是,在购买前应该先试用,看是否有明显的效果,如有效服帖或者抚平毛孔等,不要因为销售人员的鼓动而购买。

2. 清透持久底妆小窍门

薄透净白的底妆就能呈现出红唇妆的优雅感。

选择与肤色接近、较薄的、液体状的粉底,或是干湿两用粉底，先用手涂抹均匀，然后用海绵轻轻按压，让底妆更加贴服。用比肤色亮一号的粉底涂抹在T字位，提亮该区域，然后用粉底刷在脸颊两侧刷上深色粉底液或遮瑕膏，借由不同深浅颜色的粉底液来修饰轮廓，创造出立体妆感。最后，用粉刷扑上一层薄薄的定妆粉，让妆容更加持久。

偏黄的皮肤可以选择比肤色亮1号的粉底液，打底前先用偏粉或紫的饰底乳提亮肤色，斑点、痘印、黑眼圈和嘴角的暗沉部位需要做好遮瑕工作，自然干净的底妆是不败红唇妆的基础。

3. 底妆用品适量最好

擦拭化妆品时，颜色的强度和化妆品的种类皆不要超过正常的需求量，所以很多化妆步骤都可以被精简或省略，却又不会影响妆容的品质。能够覆盖斑点以及肤色缺陷的量是正好的。

所以不是涂抹得越多越好，适量是最好的。

4. 特殊眼部持妆小技巧

另外还有一款比较不常见的眼影底液需要说一下。眼影底液的卖点是可以使眼影停留在原来的位置上更长时间，因为眼睛附近的妆比较难持久，还有一种方法可以使眼睛周围的彩妆维持久一点，眼影底液与**粉霜型遮瑕膏**或粉霜粉底很类似，如果使用与眼影底液相似的**粉霜型遮瑕膏**或粉霜粉底，只要在眼睛周围使用柔光型或半柔光型粉底或遮瑕膏，之后再补上蜜粉，就可以达到相同的效果。

听说这样化妆
可以邂逅桃花哟

哪个女孩不想跟心爱的人一起自由自在，然而孤身一人就只能黯淡无光吗？那可未必，听说学会下面的化妆技巧能够提升桃花运哟，赶紧来get一下开运新技能吧！

秘诀一：轻透底妆

几乎所有直男都喜欢白璧无瑕的肌肤，然而有这样无瑕美肌的能有几个呢？其实，想要获得男生青睐，肌肤无瑕不是关键，清新洁净才是重点。因此，桃花妆的底妆需要足够轻透自然。

Step1 先用五点法将粉底液涂抹于脸部，然后用指腹顺着肌肤纹理，由内向外、由上向下将粉底液涂抹开，并用橘色系遮瑕产品遮盖黑眼圈。

Step2 将高光液涂抹在T区、双颊、下巴这些需要提亮的区域。再用海绵按压开，让妆容自然。这样能使底妆有光泽，同时还有很好的修颜效果。

想要通过以上手法打造匀净清透的底妆，需要有一定的化妆经验，对于化妆新手和懒人们是一个挑战。所以强烈推荐使用气垫类的底妆产品，例如最近大热的兰蔻气垫粉底液和兰蔻明星产品气垫CC霜，它们同属于兰蔻气垫家族，都能通过一拍一抹打造出桃花妆必备的轻透底妆！最重要的是，这两款气垫产品都非常方便携带，可随时补妆，保证一整天都是可人"轻妆"。

秘诀二：粉唇粉颊

粉嫩嫩的腮红和嘴唇，不仅能提升气色还能增加甜美度，更是视觉减龄的不二选择。从眼睑处开始涂抹腮红的方式现在正流行，可凸显青春期少女的可爱。

Step1 用手指蘸取粉色腮红，以鼻翼的横向位置为起点，向上到眼睑下方做倒三角的涂抹。

Step2 将倒三角位置扩大，向周边延展，并用手指模糊边缘区域，使其与肌肤自然过渡。

Step3 在已涂上润唇膏的嘴唇上，涂抹粉色的唇膏，可用手指进行晕染，能打造更加丰盈、立体的效果。

想要打造自然感十足的腮红并非易事，因此推荐使用现在大热的气垫腮红，例如兰蔻最新上市的空气轻垫腮红，同气垫底妆一样，轻轻一拍就能打造出绝对让你心花怒放的红润效果。而且这款腮红并不只是一款腮红，它还能当作染唇霜使用，用手指轻轻一抹便能抹出柔润美唇。

秘诀三：红色眼妆

清纯的轻底妆配上俏皮的粉腮红只能说你是一个可爱的萝莉，想要成为眼神勾人、风情万种的女人，在眼妆上加入红色是最好不过的。而最为推荐的是红色眼影的画法，娇艳的红色眼影，淡淡地涂抹在眼睑处，能将瞳孔的颜色映衬得更清晰更漂亮，有种童话故事感。

Step1 用眼影刷蘸取红色系眼影，像雨刷一样来回涂抹在靠近睫毛根部上方的眼皮上。

Step2 将余粉涂抹在眼头至眼尾的下眼睑处即可。

不做好防晒隔离
是会老10岁的哟

你是从什么时候开始做防晒隔离的呢？你一年四季都会涂防晒隔离吗？你不管阴天雨天都会涂吗？如果你属于犯懒派的话，那么你要小心咯，因为不乖乖做防晒真的会比同龄人显老的！

1. 紫外线对皮肤的伤害非常大

要知道，你的肌肤如果裸奔出门的话后果真的很严重。当肌肤被紫外线暴晒之后，表皮细胞会受到损伤，你的肌肤会出现以下几种问题。

（1）肌肤屏障被破坏，保湿力下降，肌肤会变得很干燥。

（2）长时间被阳光照射的话，真皮层中的弹力纤维也会受损，慢慢地细纹就会跑出来了。

（3）如果你的皮肤较为敏感，在日晒之后还会出现皮肤发炎甚至是灼伤的情况。

紫外线和可见光还会激发色素合成使肤色变黑，甚至还会导致出现色素沉淀形成斑点。

从什么时候开始做防晒？

所以不要光嚷嚷自己变黑了，真正开始执行防晒这个课程才是最重要的。防晒的功课不分年龄也不分时间段，当然越早做防晒越好。

2. 阴天雨天也要防晒

你以为防晒功课只有出太阳才需要做吗？如果肌肤长时间裸奔，不管阴天雨天还是晴天都是会被紫外线和可见光伤害的，所谓的晴天做防晒只是因为晴天紫外线更充足罢了。所以如果不想肌肤变差，不管什么天气都要做防晒。

3. 一年四季都要防晒

当然一年四季都要涂防晒霜，就跟防晒不分阴天雨天一样。即使是厚厚的云层看起来阴天也起不到隔离的作用，因为90%的紫外线都能穿透云层，不管是寒冷冬季还是闷热夏季紫外线都是无孔不入的。

4. 你要了解的误区

（1）涂防晒就涂系数最高的

往往防晒系数越高就意味着添加了更多的防晒剂，对皮肤的刺激也就越大。所以日常生活使用SPF15、PA+的防晒产品就可以；户外的话SPF25或者SPF35、PA++的产品就够；如果是去了海岛度假或是游泳的话SPF35或SPF50、PA+++是跑不掉的。

（2）只有高温紫外线才强

当然不是！紫外线又不会发热，就好像爬山一样，越高的地方紫外线就越强，因为每上升1000米紫外线就增强10%，所以不要再给自己找借口不做防晒了，要时刻武装起来。

（3）皮肤已经变黑再涂也没用

皮肤晒后呈棕黄色，表明皮肤进入自我保护状态。你所看见的皮肤增厚和黑色素产生是皮肤自我保护的表现。但黑色素只能部分吸收UVB，起隔离作用，使肌肤不受损伤，却无吸收UVA的功能，所以还是要坚持不懈做防晒。

不再用油腻遮阳
防晒霜选购有诀窍

天气越来越热,夏日的脚步也慢慢逼近,会护肤的人早就开始在日常护肤的最后一个步骤涂上了防晒霜。怎么才能选一款清爽不油腻、轻薄又透气、安全又可靠的防晒霜来保护我们的肌肤呢?这里告诉你几个小诀窍,保证你挑选防晒霜天的时候不会选到让脸变成大油田的粘腻防晒霜。

1. 防晒霜的小科普

防晒霜,是指添加了能阻隔或吸收紫外线的防晒剂以达到防止肌肤被晒黑、晒伤的化妆品。根据防晒原理,可将防晒霜分为物理防晒霜、化学防晒霜。

需要根据具体的对象来选择不同SPF或PA值的防晒产品,以达到防晒的目的。

防晒乳跟防晒霜的主要区别在于物理性状,霜剂一般的含水量在60%左右,看上去比较"稠",呈膏状;而乳液含水量在70%以上,看上去比较稀,有流动性。一般来讲乳液比霜剂清爽,因为水的含量比较高,但配方师仍然可以利用不同的油性成分和增稠剂来调整霜剂的"油腻"程度。所以,还是需要看产品本身。

2. 物理防晒霜

利用防晒粒子，在肌肤表面形成防护层，反射紫外线中可能对肌肤产生伤害的光波，达到保护肌肤的目的。物理防晒的粒子一般停留在肌肤表面，不会被肌肤吸收，所以对肌肤造成的负担比较小，也不容易造成肌肤敏感。

3. 化学防晒霜

通过某些化学物质和细胞相结合，在细胞受损之前，先将紫外线中可能对肌肤产生伤害的部分吸收掉，以达到防晒的目的。

4. 美妆支招

（1）去专柜试用可以非常直接地感受到防晒霜的质地，如果你没有时间那么可以留意一下大牌防晒免费试用申请。

（2）多看看专家、达人以及各种自媒体的推荐帖子，有产品试用质地图的最直观。

（3）最好选择防晒新品，因为各大品牌每年都会更新产品成分，将产品更好的奉献给消费者。

（4）防晒乳比防晒霜更适合油性肌肤，另外写明有不易沾沙的产品更适宜在海边使用，而且不黏腻哟！

什么是真正的
自体脂肪移植

由于脂肪在整形界越来越受到重视，因此，自体脂肪移植也在全世界范围内得到广泛的发展和应用。

在当代社会，女生对美的要求越来越高——鼻子挺一点、胸部再丰满一点、臀部再翘一点等等。在以前，很难有一种手术能满足求美者的所有要求，现在，自体脂肪移植几乎能解决求美者的所有烦恼。那么到底什么是自体脂肪移植？它能应用于哪些美容项目？

1. 脂肪被誉为组织中的"软黄金"

说起脂肪，相信大部分人的想法都是——"一团肥肉""全都是油，好恶心"。但是，这些想法已经过时了。近年来，脂肪组织的价值被重新认识，很多整形医生认为脂肪组织是一种非常好的填充剂，有的人更把它誉为组织中的"软黄金"。

由于脂肪在整形界越来越受到重视，因此，自体脂肪移植也在全世界范围内得到广泛的发展和应用。"所谓自体脂肪移植，就是帮脂肪'搬家'，把身体某个部位多余或不想要的脂肪移植到自己想要填充的地方，从而解决了很多整形中软组织缺损和填充的问题。"

2. 面部年轻化自体脂肪移植

自体脂肪帮医生解决了不少关于整形的难题，因此自体脂肪移植应用于很多整形美容项目。日常生活中比较常见的隆鼻、填充鼻唇沟、填充面部凹陷、隆胸、丰臀等等，都可以通过自体脂肪移植解决。除了用于不同部位的填充外，它还能使面部年轻化。有专家解释说，由于脂肪中含有大量干细胞，而这些干细胞能够有效提升颜面部肌肤的质量，从而达到面部年轻化的目的。总的来说，自体脂肪移植既能起到填充的作用，同时也能使你变年轻。

直男最讨厌的妆容
快看看你中了几枪

自己明明化了最流行的妆容,男朋友却说这是什么鬼。而那个绿茶girl明明化妆那么村儿,却有好多直男在朋友圈给她点赞。虽然说咱化妆不是为了取悦男票,但你得知道他们的雷点在哪儿!看场合和对象化妆,让他们称赞自己,不是很开心吗?赶紧来扫雷,直男最讨厌的妆容列表在这里!

1. 烟熏眼

相信我,除了你的gay蜜,剩下的直男根本不会在意你这款眼影是今年最流行的红棕色系,更不会在意你的晕染技巧有多么高超!人家只会觉得你被人打了一拳!或者说,亲昨天没睡好吧!当然了,直男癌患者还会觉得你化这样的妆出去是要勾搭谁?

2. 姨妈色唇膏

浆果色、暗红色好看吧?还是限量的呢!然而你的男票并不买账,涂上这种类型的唇膏,他们的第一反应就是吓一跳!也许在眼妆方面你只划拉了一条眼线,可是他还是会问你,这也太浓了吧!换个颜色好不好?

3. 光泽肌

之前说过可以往粉底液里滴精华,打造滋润的光泽效果。然而你的男票并不买账啊，他们觉得这是脸部出油没洗脸的后果，还递给你纸巾让你擦一擦……所以如果你要跟这样的男性朋友出去，还是乖乖选择轻薄的哑光底妆吧！

4. 下眼线和眼影

韩国的全包眼线和大眼的下眼影现在正流行，可是让男票分辨出这是下眼影还是晕妆可是个大难题！甚至都对自己的化妆技术产生了怀疑！

5. 咬唇妆

讲个真实的案例，美容组出去拍视频，编辑对摄像大哥说，我要画咬唇了！然后画完了咬唇，摄像大哥说，我数123，你就咬啊……男生不管你渐变多好，只是觉得，哎呀你口红没涂完吧？心塞！

每天都在敷面膜
面膜敷完到底洗不洗

对于越来越尴尬的肌肤，面膜急救和护养已经是很普遍的事情了，目前市场上的面膜大致分为贴片面膜、清洁面膜、撕拉面膜、睡眠面膜和果冻面膜，它们有着各不相同的功效，当然使用方法也是很不相同的，很多妹子经常为敷面膜的时间苦恼，时间太短吧，精华液还没有吸收太多，太长吧，敷完脸反而觉得紧绷干燥。现在就来看看各种面膜怎么敷，敷完到底要不要洗。

1. 贴片面膜

贴片面膜是最流行，也是最简单、最快速的面膜。补水类清爽的面膜贴，使用后轻轻按摩，让皮肤吸收掉剩余的精华液就好了，可以不用洗掉。但很多精华面膜和美白类面膜都要添加增稠剂，所以敷完还是建议洗掉，再进行后续的基础保养。

2. 睡眠面膜

很多睡眠面膜都打着免洗的招牌，无疑是懒妹子的最爱。睡眠面膜只需要薄薄的一层就好，太多会让肌肤有负担，反而使肌肤晦暗。对于肌肤吸收力不强的女性，睡眠面膜往往会在睡觉的时候蹭到衣物被子上，甚至沾上棉絮灰尘，所以最好是晚上休闲的时候敷着睡眠，到睡前再冲洗一下为好。

3. 果冻面膜

果冻面膜又叫水洗面膜，一般都是啫喱状的，敷在脸上会有黏稠的感觉，洗的时候会出现很细密的小水珠，可以在夜间很好地锁住水分，护理肌肤，这种面膜自然是要洗掉的。

撕拉面膜和清洁面膜就不用说了，肯定是要洗掉的。建议使用这两类面膜前用热水敷脸一下，用完后记得用爽肤水再收缩一下毛孔。

睫毛膏干了不用怕
用这些窍门搞定它

新买来的睫毛膏很快就干了,可是扔掉又太可惜,该怎么办呢?这里为大家推荐几个睫毛膏变废为宝的好方法。从此不用担心堆在家里的睫毛膏啦!

平时用的时候不要一下子把刷头全部拔出来,要将它慢慢地旋转出瓶口,这样可以防止过多空气进入瓶身,用完后也要旋转着放进去,可以有效预防睫毛膏干掉。

涂睫毛膏的时候,用Z字刷法,这样睫毛不仅刷得漂亮,还能够充分将睫毛膏刷上去。

通常睫毛膏的正常使用期限大概为3个月。很多女性用了睫毛膏眼睛会痒,其实就是睫毛膏进了细菌。

加一点眼药水,只需两滴就可以,然后摇匀。不要加太多眼药水,否则防水效果就没了哟!

滴入香水法,这个办法适合眼部不是很敏感的人,如果你酒精过敏或者皮肤过敏,用眼药水就好。

维生素E对睫毛的生长有一定好处,而里面所含的油脂可以溶解固体的睫毛膏。如果睫毛膏已经用完,可以直接将它做成睫毛增长液。

凡士林的滋润度也可以将变干的睫毛膏变废为宝。它不仅能增加睫毛膏的浓度,还可以滋养睫毛。乳霜的营养成分还可以达到强韧睫毛的作用。

告诉你怎样才能瘦脸

青少年在发育期过度嚼口香糖,可能使咬肌过度锻炼,刺激下颌角的肌肉和骨骼发育,最终使脸部呈现方形国字脸。如果习惯单侧咀嚼,还可能因此形成大小脸。

咬肌过大通常是爱嚼口香糖或者长期吃硬的东西导致的,爱嚼口香糖不仅会让咬肌变大,甚至还会导致大小脸,如何才能改善呢?改正嚼口香糖的习惯是其一,此外就是注射瘦脸针。

1. 如何解决因咀嚼习惯导致的国字脸和大小脸

(1)咬肌肥大的国字脸

首先,必须改正不良习惯,尽量少吃坚硬的食物;改正嚼口香糖的习惯,防止咬肌再受到更多锻炼。然后使用瘦脸针进行改善,瘦脸针注射到咬肌部位后能够阻滞神经传导,实现咬肌暂时性"失能萎缩",达到瘦脸效果。

(2)单侧咀嚼导致的大小脸

大小脸的人,大多习惯用单侧咀嚼,导致常咀嚼的一侧咬肌相对发达,使两边肌肉不对称。解决方法跟"国字脸"相差不远,也需要改变不良咀嚼习惯,防止单侧咬肌继续受到锻炼,再根据实际情况以瘦脸针软化咬肌改善大小脸的问题。

2. 瘦脸针注射效果持续时间

瘦脸针注射后10天左右起效，两三个月时效果最佳，药效维持6个月左右。药效完全代谢后，咬肌会恢复原来的肌力和体积。临床经验证实，间隔3到6个月后继续注射，连续5次左右大部分人可维持较持久的瘦脸效果。

5种瘦脸食物
助你轻松吃出小V脸

V形脸是很多女性的梦想，感觉只要脸小怎么看都好看。那么要如何瘦脸呢？除了按摩瘦脸，我们还可以从日常的饮食中达到瘦脸的效果，下面就为大家推荐5种瘦脸食物，助你轻松吃出小V脸。

1. 菠菜

菠菜是一种经常出现在餐桌上的绿色蔬菜。菠菜可以为身体提供和补充各种营养物质、促进肠胃蠕动，对于想要瘦脸的MM来说，菠菜也是不容错过的一种食物。因为菠菜中丰富的钾元素可以帮助消除脸上的水肿，当脸上的水肿现象消失后，大脸也就会慢慢变成小脸了。

2. 柠檬

柠檬可以同时起到养颜美容和减肥瘦身的双重效果。如果你想要打造一张吸引人的小脸，柠檬会是你的好帮手。柠檬可以增加脸部皮肤的弹性，可以让脸上松垮下垂的赘肉在柠檬碱性物质的代谢中慢慢消耗掉。

3. 鸡肉

鸡肉含有丰富的维生素C和蛋白质，这些物质很容易被人体吸收，而且对于促进脂肪分解也有良好的效果。与此同时，在吃鸡肉的时候最好去皮，因为鸡皮中含有大量的脂肪，很容易就会在人体内堆积。将鸡肉去皮食用还会有意想不到的瘦脸功效。去皮的鸡肉属于低脂食品，可以帮助消除脸上的水肿，这样就可以轻松打造V形脸了。

4. 坚果

坚果是很多女性朋友非常喜欢的一种零食，而且其营养价值极高，可以为人体补充营养。但更加重要的是，坚果的瘦脸功效十分明显。坚果可以有效地强健脸部的肌纤维，换句话说，坚果实际上可以将脸上的松垮肌肉变得更加紧实，从而将脸上多余的赘肉消耗掉。

5. 红豆汤

红豆本身的热量非常低，但是却蕴含着丰富的营养。除此之外，红豆还是一种养颜和瘦身的健康食品。将红豆煮成红豆汤食用，对于瘦脸是非常有帮助的。因为红豆汤具有很好的排湿消肿的功效，可以帮助消除大饼脸上多余的水分。当脸上的大部分多余水分排出之后，小脸自然也就出现了。

A4 腰什么的弱爆了
现在流行 A4 腿

继反手摸肚脐、锁骨放硬币之后，A4腰又一夜爆红，成为社交平台上的"爆款"话题。所谓A4腰就是比A4纸还要窄的小蛮腰。众所周知，A4纸的规格是21×29.7厘米的，所以宽度小于21厘米的都可以称为A4腰。"开始流行A4腰了"和"我有A4腰"分别霸占了近日的社会和运动健身类话题的首位。英国《赫芬顿邮报》刊发了《"A4纸挑战"是向女性施加身体形象压力的"可怕"社交媒体潮流》的文章，获得不少网民的力挺，他们表示："我有A4腰，不过是横着的。""A4腰有什么了不起，我已经有A4腿了。"可见，A4腿最初是网友的调侃，指大腿宽度小于21厘米的健康匀称的长腿。如何打造A4腿呢？

方法一：涂抹瘦腿霜＋保鲜膜

其实这个方法很多人都试过，有的人说有效果，有的人说没效果，我觉得还是不错的，但不是抹上瘦腿霜包上就可以了，而是要配合有氧运动！包上保鲜膜后原地高抬腿100下，腿部会出很多汗。如果你用的是能发热的瘦腿霜，那腿部就会有燃烧的感觉。

方法二：90度倒立腿部

我们学习或者工作一天下来，腿部的压力是很大的，加上现在的人基本上都坐着，不怎么动，腿部很容易积累水分。如果你穿短袜,晚上回家脱袜子时发现袜子的勒痕很明显很深,那就说明腿部水肿了。每天晚上睡前躺着床上,双腿抬高与上半身呈90度,坚持不住的,可以把腿靠在墙上,这样抬15分钟左右,消除对腿部水肿很有效果。

方法三:调整饮食

如果平时吃的东西很咸,腿部也会容易水肿,所以一定要吃清淡些。平时可以吃点香蕉,可以帮助瘦腿。喝一些有利于水分排出的花草茶,效果也比较好。现在的人很少能在家自己做饭,多数人在外面吃。但是大家有没有想过,为什么饭馆做的菜那么好吃?除了技术,难道没有别的了吗?其实饭馆里的菜都添加了大量的调味剂,甚至食品添加剂。这些东西可以增加饭菜的色泽和口感,因为好吃,你也会吃更多。这样一来,有更多的盐分、化学物质进入体内,加上平时不怎么运动,有些毒素就很容易积累在腿部。所以,如果你也是外食一族,那么记得向服务员要一杯温开水,把菜在温开水里面过一下再吃,就可以少摄入一些盐分和化学物质。

方法四:泡脚瘦腿

买个泡脚粉,然后泡脚半小时,泡的时候顺便敲打腿部经络,对瘦腿效果很好。很多人减肥,都说减了十几斤,哪都瘦了,连胸都小了,但是腿还是没有瘦。确实,腿部很难减,难减的原因就在于,我们现代人生活条件太好了,也不需要干什么力气活,整天就坐着办公或者学习。腿部经络就会渐渐堵塞,一旦堵塞,腿部脂肪就很容易堆积。还有就是女孩子爱美,冬天喜欢穿裙子,或者只穿一条单裤,这样腿部就会受冻。腿部本来离心脏就远,温度就低,再加上不注意保暖,腿部就受不了了。这个时候,我们的身体会为了让腿部保暖,就把大量脂肪输入到腿部来御寒!所以,爱美的MM们一定要注意,爱美得有个度！

用泡脚粉的好处就在于它可以暖身，泡的过程可以促进腿部乃至全身的血液循环，让腿部暖起来。泡脚还可以通经络，一旦经络通了，腿部就不会堆积那么多脂肪了，腿也就瘦了。然后用拳头敲打自己的腿部，整腿都要敲，敲到酸痛的地方要重点多敲一会，因为这里是经络堵塞的地方。这样才能瘦下来哟。

方法五：瘦腿工具

瘦腿工具其实只是一种辅助，每天用一下，可以防止腿部脂肪堆积。每天洗完澡擦乳液的时候，可以顺便用瘦身刷刷一下，促进血液循、环疏通经络，对减腿效果不错。我每天洗澡的时候都用这个，把腿部皮肤刷到红红热热的，不但瘦腿，腿部皮肤也不再有那种疙瘩，变得很白很光滑，估计这么刷也能排毒吧。

方法六：刮痧瘦腿

这个方法很多MM都介绍过了，刮痧确实是可以瘦身的。但是比较痛哟，要忍住呢。我自己刮了一个月就放弃了，真的有点累，不过效果还是不错的。其实做什么事情都要坚持，坚持了，你就成功了！

在腿上滴上瘦身刮痧油，涂抹均匀，然后用刮痧板从下往上刮。很多MM推荐的时候说要刮穴位，但很多人都不懂穴位，其实刮整腿就好了，这样不至于因为不懂而放弃。就是浪费油，呵呵，不过钱是小事，只要能瘦腿就行了。

方法七：瑜伽瘦腿

不建议做剧烈运动来瘦腿，因为剧烈运动都是无氧运动，很容易造成肌肉变形，腿形会变得不好看。其实瑜伽真的是很好的减肥方式，但就是有些人觉得自己身体柔韧性不够，所以就放弃了。慢慢来一点点做，慢慢就可以做到很好了。瑜伽可以拉伸腿部韧带，让腿部看上去非常性感，肌肉线条也会变得很好！

（1）侧卧抬腿

目的：锻炼大腿内外侧及腰侧肌肉，使这两个部位不长赘肉、不松懈。

方法：预备姿势——右侧卧。右肘及左手掌支撑起上体，右小腿弯曲，左腿伸直触地。

动作：数一时，左腿向上抬起略高于头部；数二时还原成预备姿势；反复做 5~10个8拍，然后左腿抬起，静止用力10秒；反方向重复一遍。

小诀窍：腿抬起和还原时，切忌甩腿，要有意识地控制住腿，抬起的腿务必伸直。

（2）俯卧屈小腿

目的：锻炼大腿后侧股二头肌，使大腿后侧收紧不松懈。

方法：预备姿势——俯卧。双腿伸直并拢双肘支撑，上体抬起45度。

动作：数一时，两小腿向上弯举勾腿；数二时，还原成预备姿势；反复做5~10个8拍。

小诀窍：小腿向上弯举时，务必勾腿，脚跟尽量接近臀部，使股二头肌充分收缩；小腿弯举和还原时，切忌甩腿。

（3）坐姿抬腿

目的：锻炼大腿股四头肌，使大腿前侧有型，不臃肿。

方法：预备姿势——坐姿。双手体后支撑，双腿向前伸直并拢。

动作：数一时，左腿伸直，尽量上抬；数二时，还原成预备姿势，换右腿做以上动作；两腿交替反复做5~10个8拍。

小诀窍：双腿始终保持伸直状态，绷直脚面，腿抬起、还原时皆不可甩腿。

（4）坐姿勾脚

目的：锻炼小腿三头肌，使小腿后侧有形；使肌肉位置提高，小腿修长。

方法：预备姿势——坐姿。双手体后支撑，双腿并拢伸直。

动作：数一时，双脚用力勾起；数二时，双脚用力绷直；反复做5~10个8拍。

补水喷雾越喷越干
其实是方法有问题

室内空气越来越干燥，干到越来越多的妹子都开始起皮了。最快的补水方法就是用补水喷雾。但是有很多妹子在用补水喷雾的时候却越补越干。怎样使用补水喷雾才不会越喷越干呢？

1. 选对喷雾

市面上的很多喷雾只有单纯的补水功效，主打成分最多的就是温泉水。单纯的温泉水好用还是添加了矿物质的温泉水好用呢？很多妹子在听到矿物质的时候都会有莫名的好感。其实并不是这样的，喷雾中的矿物质含量并不是越高越好，因为当温泉水在接触肌肤渗透养分一分钟左右后，矿物质含量越高的水就会蒸发得越快，矿物质不仅不能被肌肤很好地吸收，反而会吸收肌肤的水分，让肌肤变得越来越干。

2. 使用喷雾前要洁面

很多妹子为了图方便就直接将喷雾喷到脸上，但是脸部肌肤在需要保养补水的状态下是需要进行清洁的。当然，使用喷雾前的清洁只需要几张吸油面纸就能搞定，用吸油面纸将脸上多余的油脂吸干净，打开肌肤表层的毛孔再使用喷雾，就可以增强喷雾的补水效果。

3. 喷雾的距离有要求

相信很多人为了让喷雾的水珠不被浪费掉而将脸尽量靠近水

珠。但是，密集的水珠喷洒在脸上，不仅不会让皮肤吸饱水还会让脸部受到冲击，导致喷雾无法被脸部吸收。

4. 喷完记得要按压

喷雾不同于爽肤水，它可以在使用的过程中很均匀地将水珠洒在脸上，于是很多妹子就不再进行后续的按压了，这样浮在皮肤表面没有被吸收的水雾蒸发后就会使脸部肌肤越来越干。所以在喷完保湿喷雾之后，用手指像弹钢琴一样在肌肤上进行"弹指按摩"。这样可以加速喷雾的吸收，最重要的不会让皮肤发干。

5. 轻轻拍打的效果会更好

喷雾的主要成分是保湿水，虽然喷雾里的水不像平时的护肤水那样浓稠，但在皮肤不能自助地快速吸收保养品时，轻轻的拍打会让脸部肌肤的纹路更加活络，活泼的脸部细胞就会加快对喷雾的吸收，也就避免了喷完之后干巴巴的状况。

6. 喷雾虽好也不要贪多

现在越来越多的喷雾都便宜大碗，所以很多妹子在购买喷雾时都会毫不犹豫地下手，使用起来也不会觉到心疼。但是过多使用喷雾也是有副作用的。因为皮肤的表层吸收力有限，如果大量进行补水，皮肤就会出现越来越干的现象。所以每天使用喷雾的次数最好控制在5~10次，每次喷出的水量大概是按压三次左右，这样的使用频率是皮肤能承受的最佳状态。

7. 摇一摇效果更好

就像使用化妆水一样，摇一摇瓶子，瓶中原本沉静的水分子会变得更加活跃，混合了营养成分的喷雾水对于皮肤的保养力就会更强。所以要记得在使用喷雾前摇一摇，这样的效果会更好。

8. 喷完之后一定不要立刻复喷

因为喷雾使用方便,所以喷完之后会再喷一次的冲动。上面也说了多次使用喷雾是对皮肤有伤害的,但是有些妹子会在喷完之后的十几秒觉得没有喷够接着就会复喷,但其实脸上的喷雾还没有吸收,再喷一次会增加脸部肌肤的负担。所以一定记住不要连续喷。

盐巴是护肤好手

生活中稀松平常的盐巴看似平淡无奇，却能在皮肤护理中大显身手。

1. 控油爽肤水

盐能深层清洁毛孔，平衡油脂分泌，阻止细菌侵害皮肤，防止痘痘和粉刺产生。

用法：在一个喷雾瓶里，混合四汤匙海盐和120克温水，直到盐完全溶解在水里。喷在洗净而干燥的皮肤上，每天一到两次。

2. 控油面膜

盐和蜂蜜都有消炎的作用，能舒缓镇静皮肤，也有助于平衡油脂分泌，保持皮肤湿润。

用法：混合两汤匙海盐和四汤匙原生蜂蜜，搅匀呈糊状，涂在皮肤上（避开眼周部分），静待10~15分钟，然后用一块棉布浸泡温水，轻轻擦拭干净，再把这块布盖在脸上30秒，用温水洗净，同时用手指做轻柔的打圈动作。

3. 身体磨砂膏

盐是自然的去死皮工具，它本身的矿物质能使皮肤柔软，重塑水嫩肌肤。

用法：混合1/4茶杯盐和半茶杯橄榄油（椰子油），直至成厚厚的糊状，加入10滴你喜欢的植物精油，洗澡时，用丝瓜巾或者手掌把它涂在身上，用打圈的方式去除死皮。

4. 活肤磨砂膏

盐能软化皮肤，芦荟具有保湿和愈合的作用，而薰衣草是天然的抗菌剂，并能刺激血液循环。

用法：将半茶杯盐，1/4茶杯芦荟汁（凝胶），1/4茶杯橄榄油，1汤匙干薰衣草花和10滴薰衣草精油混合均匀成糊状。洗澡时，用丝瓜巾或者手掌涂在皮肤上，用打圈的方式清洁和活化皮肤。

5. 放松盐浴

盐能吸收灰尘、污垢和毒素，深层清洁皮肤毛孔，盐中的镁还能帮你排水消除浮肿，所以说盐水浴是名副其实的美容浴。

用法：在浴缸中放入温水，然后加入1/3茶杯海盐，泡澡15~30分钟。

6. 去头皮屑护理

盐能清除头皮堆积的皮垢，并刺激良性的血液循环。它还能吸收多余的油脂，避免真菌生长，从而抑制头皮屑产生。

用法：洗头之前，把头发分开，倒一汤匙盐在头皮上，用手指沾温水按摩头皮10~15分钟，然后再进行正常的洗发程序，去屑效果立竿见影。

7. 牙齿增白剂

盐和小苏打能制成美白牙膏，去除牙齿上的污渍。盐中的氟化物对牙齿和牙龈都很有益。

用法：混合一茶勺海盐和两汤勺小苏打粉，再加入一点平常用的牙膏，然后用来刷牙。

8. 天然漱口水

盐有杀菌作用，能预防口臭和牙龈炎。

用法：混合半茶勺盐、半茶勺小苏打粉和1/4杯水，直到盐溶解，然后当作漱口水漱口。

9. 亮甲剂

盐能软化皮肤和指甲的角质层，小苏打则能去除指甲上的污渍，恢复指甲的光泽。

用法：在一个小碗里，混合一茶勺盐、一茶勺小苏打、一茶勺柠檬汁和半杯温水，把双手手指放在其中浸泡10分钟，然后用柔软的洗手刷擦洗，之后冲净双手，涂护手霜。

怎么判断自己是否应该开眼角

拥有明亮的大眼睛是不少人的愿望,因此进行眼部整形的求美者一直都很多。大家都知道割双眼皮可以让眼睛看起来更大更明亮,然而,真正能让眼睛变大的只有开眼角手术,那么我们要如何判断自己是否适合做开眼角手术呢?

一般而言,人的眼睛分为白眼球、黑眼球及内眼角部位红色组织,而最理想的眼睛是能看到内眼角部位约50%~80%的红色组织。

当然,这样的理想状态并不是每个人都能有的,这时候就需要借助开眼角手术进行调整了。

1. 如果你有下面的症状,可以考虑开内眼角

(1)内眦赘皮或伴有邻近部位畸形。

(2)眼距较宽,这时还可考虑配合隆鼻手术。

2. 如果你有下面的症状,可以考虑开外眼角

(1)有眼角下垂的问题。

(2)上下眼睑不能完全闭合。

(3)单纯只想让眼睛变得更大,这时候配合双眼皮手术效果更佳。

酸奶隐藏的秘密
你都知道吗

酸奶是很多人的挚爱，可是你知道为什么有些酸奶产品不用冷藏？为什么有些酸奶号称加了有益菌？想补钙该喝哪一种？这里就来说说酸奶里隐藏的5大秘密，据说99%的人都不知道哟！

真相1：常温销售的酸奶中根本没有活的乳酸菌

那些装在方盒或六角形利乐包装中，能够在室温下存放好几个月的酸奶产品，实际上属于"灭菌"酸奶。简单说，生产者先将牛奶发酵变成了酸奶。但是，他们又把酸奶进行高温加热，把所有的乳酸菌都杀光了，然后在无菌条件下灌装进了利乐包装，趁热封装。所以即便在室温下放几个月，这些酸奶既不会变酸，也不会腐败。当然，这类产品保持了酸奶的风味，酸味浓，甜味也浓，口味很吸引人。同时，它们不用冷藏，携带方便。不要指望它们帮你补充乳酸菌，不过，乳酸菌发酵产生的乳酸和大部分B族维生素还留在里面，钙和蛋白质也没变少。

真相2：多数冷藏酸奶有活的乳酸菌，但益生菌进不到你的肠道里

绝大多数酸奶产品中含有活乳酸菌，也就是制作酸奶时必须添加的"保加利亚乳杆菌"（L菌）和"嗜热链球菌"（S菌）。但它们不属于能进入肠道定植的品种，只能在穿过胃肠道并光荣牺牲的过程中，起到一些抑制有害微生物的作用。当然，即便这些菌被胃酸杀死，它们的菌体碎片仍然能产生一些有益的免疫调节作用，发酵产生的乳酸本身也有利于矿物质吸收和改善肠道环境。所以，喝普通酸奶还是比不喝更有利于肠道健康。有少数酸奶产品中添加了嗜酸乳杆菌（A 菌）或双歧杆菌（B菌）。这两类菌的确保健作用更强，而且能进入到人体大肠并存活下来，不过在通过胃肠道的时候，绝大多数乳酸菌都牺牲了，在上亿甚至几十亿的菌中，只有极少数幸运的菌能被亿万同伴掩护，最终到达大肠当中，并栖息繁衍下去。由于大部分酸奶并没有标明到底有多少活的A菌和B菌，有多少幸运的菌能进入身体，所以就不必期待过高了，只要相信有比没有好就行了。

真相3：酸奶产品没有标注钙含量，不等于其中没有钙或钙含量低

有人只听说牛奶中有钙，看到酸奶没有标钙含量，就不知道该怎么选择钙含量高的酸奶产品了。牛奶中的钙是和酪蛋白胶体一起存在的，也就是说，牛奶中的蛋白质含量越高，乳钙就越多。由于我国营养标签法规只要求标注能量（热量）、蛋白质、脂肪、碳水化合物和钠这几项，并未强制要求标注钙含量这个项目，所以大部分企业都没有标。购买者只需要认真看一下蛋白质含量就好了，挑选蛋白质含量最高的产品，然后算算性价比，就可以决定买哪个了。

真相4：酸奶中的碳水化合物含量越高，添加的糖就越多

酸奶的原料是牛奶，而牛奶中含有4%~5%的天然乳糖成分。乳糖甜度很低，而且其中一部分在酸奶发酵中变成了乳酸，所以发酵之后的酸奶，如果不加点糖来调和，就会酸得难以下咽。因此，至少要加6%~7%的糖，才能让酸奶口感较好。要觉得比较甜，就得加8%~10%的糖。乳糖和添加的糖都是碳水化合物，所以两项加起来，酸奶的碳水化合物含量通常在10%~15%之间（100克产品中含糖10~15克）。人们都知道酸奶对健康有好处，但糖除了增加热量、升高血糖之外并没多大好处。所以，选择酸奶的时候，可以细看标签，在保证蛋白质含量够高的前提下，优先选择碳水化合物含量低一些的品种。一般来说，儿童型产品和果味型产品，糖的含量都会偏高一些，建议少购买。

真相5：口感像酸奶的并不一定是酸奶

市面上有各种新式产品，口味酸酸甜甜的，都和酸奶差不多，比如布丁、布林、慕斯、韩式酸奶等，让人眼花缭乱。建议消费者好好看看包装上的"产品类别"这个项目。布丁也好，布林也好，慕斯也好，都是含奶的甜点，不属于酸奶类型。它们的特点是蛋白质低于普通酸奶，而脂肪含量比普通酸奶高得多，甚至可达6%~8%（普通酸奶不超过3%），糖分也相当足。其营养价值比正常的酸奶低得多。偶尔吃吃满足口感可以，若天天用它们替代酸奶来喝，就相当不明智了，不仅损失钱还损失营养。至于号称外国风味的酸奶，不妨看一下包装上的营养成分表，比较一下它们的蛋白质含量。有些产品蛋白质含量可高达6%，而有些只有2.5%，完全比不上传统产品。还要再看看碳水化合物含量，正常应当是11%~12%，有些产品会高达15%左右，这一看就明白，无非是用更甜的口味吸引嗜甜的消费者而已。还是购买那些蛋白质高、脂肪不高、碳水化合物不高的产品最健康。

没有事业线
你可以拼"微笑线"啊

久坐星人的你,是不是也把漂亮的翘臀坐扁了?在这个看颜又看线的时代,为了在热裤季大展风采,你的臀部也该露出迷人微笑了。

那么,究竟什么才是微笑线呢?

其实很简单,当你的臀部圆润上翘,大腿根部紧实,在臀部与大腿连接处的这条线,就会形成如嘴角上扬般的弧线——微笑线。有了微笑线,就能凸显身体的S形曲线,拉长腿部线条,穿什么裤子都好看,绝对是从背影就可以秒杀一切的性感利器。说到美臀,你以为维密超模的美好翘臀都是天生的吗?

美好的臀部当然不是天生的

大量有规律的塑形运动,才是她们臀部紧致、肌肉上提的不变法宝。

持续运动臀部紧致

维密天使中的佼佼者Candice Swanepoel就是既有人鱼线又有美臀线的杰出代表。

还有红遍全球的Kendall Jenner,拥有卡戴珊家族的大臀遗传,但若不能坚持做运动保持肌肉紧绷,臀部下垂的几率和程度会比普通人更严重,不过看她在INS上晒出的健身自拍,虽然光线有点暗,但是美丽的臀部依然吸引了所有人的目光。

深蹲公主

提到翘臀，自然少不了拥有世界最翘臀称号的Jen Selter。在网上搜索她的照片，不难发现有很多她深蹲的照片，难怪国外网站都称她为squat princess（深蹲公主）。

初阶课程

"不深蹲、无翘臀"，这句励志口号告诉我们，其实一些基础的小动作，就可以帮你拥有蜜桃臀、微笑线。你不需要任何健身器械，只要持续做下面的动作，就能拥有傲人的"微笑线"。

动作一：后抬腿

双脚并拢站直，双腿交替向后抬起，尽量抬到最高。同时体会臀部收紧的感觉。

动作二：弓步下蹲

这是运动基础，随时随地都可以做起来。这些动作不仅能紧实臀部，打造完美臀线，对于长时间伏案工作的白领一族，还能起到促进血液循环的作用，对整个身体的淋巴循环都有好处。

双脚前后劈开，距离约半米，向下蹲，直到前后腿成90度，做完一条腿后，双腿交换位置。

动作三：深蹲

双脚打开与肩同宽，双手放在胸前，深蹲至大腿与地面呈水平状，注意重心尽量向后，膝盖不要超过脚尖，避免受伤。

7个小方法
让你的头发长得更快

1. 第一要素：你的头发不能有分叉

这意味着你要注重日常饮食。其实有很多人是通过改变饮食来改善发质的，纽约营养学专家Brooke Alpert说："如果你的头发受损很严重的话，可以多吃一些脂肪量高的食物。"

2. 脂肪不是生发的唯一要素

专家Brooke有下面几个小建议：

（1）蛋白质：蛋白质是指甲和头发生长的好帮手，它对于人体的健康也是非常有帮助的。鸡蛋就是一个不错的选择，蛋黄里面含有非常多的营养，它也是生物素的主要来源。

（2）维生素E：它是一种可以改善血液流动的抗氧化剂，而且能够保持头皮健康。你的头皮细胞越健康，你的头发就会长得越快。坚果和绿色蔬菜是维生素E的来源，所以你可以把杏仁粉撒在沙拉上来增加维生素E的摄取量。

（3）维生素C：它是胶原蛋白的来源，所以是健康的皮肤、头发和指甲的另一个基石。它还是一种非常重要的抗氧化剂，能够击退一些受损细胞。含有丰富维生素C的食物有红辣椒、甘薯和柑橘类食物。

3. 注意保护你的头发

Michael Duenas说："不要在没有保护的情况下就用卷发棒卷头

发，因为越高的温度对头发的伤害就越大。在卷发之前可以在头发上涂些橄榄油，这样可以起到隔热的作用，可以减少对头发的伤害。"

4. 不用特别紧的卡子夹头发

如果你的卡子边缘比较锋利，那么你的头发可能会断掉几根。特别紧的夹子会损伤毛囊，也会给头皮带来压力。

5. 保护发根

美女编辑Nikisha Brunson警告说："靠近头皮部分的头发是很脆弱的，非常容易断裂。所以我们不要经常烫头发。可以用有机精油护理头发，按摩头皮。"

6. 湿发时梳头也需要注意

Brunson说："潮湿的头发是最有弹性的。洗完头之后有人会用梳子梳顺头发，但我更喜欢用手指替代梳子。还有一个措施可以保护头发，那就是使用丝绸头巾和枕套。在刚洗完头发之后它们会吸收多余的水分，也可以防止头发打结。

7. 不需要定期修剪头发

就算你再精心打理，头发也还是会有分叉，所以只能去理发店定期修剪。但是有一种非常好的产品，那就是免洗护发素，在洗澡时涂抹一些就好，因为它的锁水效果是非常好的。

腹部赘肉难减
掌握诀窍 so easy

常常见到有的女人，从背后看腰肢婀娜，可从侧面看，前面却凸出个小肚子。怎样才能减掉腹部赘肉呢？这里为大家推荐一些瘦肚子的简单方法。

缩腹走路法

首先要学习"腹式呼吸法"：吸气时，肚皮涨起；呼气时，肚皮缩紧。对于练瑜伽或练发声的人而言，这是一种必要的训练。它有助于刺激肠胃蠕动，促进体内废物的排出，顺畅气流，增加肺活量。

方法：平常走路和站立时，要用力缩小腹，配合腹式呼吸，让小腹肌肉变得紧实。刚开始的一两天会不习惯，但只要随时提醒自己"缩腹才能减肥"，几个星期下来，不但小腹趋于平坦，走路的姿势也会更迷人。

粗盐按摩瘦腹法

粗盐有发汗的作用，它可以排出体内的废物和多余的水分，促进皮肤的新陈代谢，还可以软化污垢、补充盐分和矿物质，使肌肤细致、紧绷。

方法一：在超市或杂货店买几袋粗盐，每次洗澡前，取一杯粗盐加上少许热水拌成糊状，再把它涂在腹部。10分钟后，用热水把粗盐冲洗干净，也可以按摩后再冲掉，然后就可以开始洗澡了。

方法二：洗完澡后，在手掌上撒一大匙粗盐，直接按摩腹部，搓时不要太用劲，以免把皮肤搓得更粗糙。如果你的肌肤比较敏感，就用比较细的沐浴盐。

游泳减肥

游泳30分钟可消耗1100千焦的热量。即使人已不在水中，代谢速度依然非常快，能比平时更快地消耗脂肪。这种减肥方法是最科学、最无可否认的。游泳不仅可以收腹，还能塑造整个体形。怕冷的MM也可以游温水泳，为了体型，什么都不可怕！

变形的仰卧起坐运动

据说这个运动对下腹部肥厚的人特别有效。

方法：躺在床尾，臀部以下留在床外，然后膝盖弯起使大腿在腹部上方。双手伸直于身体两侧，手掌朝下放在臀部的下方。接下来腹部要用力，以慢慢数到10的速度，把腿往前伸直，脚尖务必朝上，使身体成一直线，然后再以数到5的速度将膝盖弯曲，大腿回到原来的位置。注意背部、肩膀和手臂都要放松，感觉就是肚子在用力。

保鲜膜减肥

这种减肥方法在日本年轻女孩中相当流行。可每周进行一两次。

方法：在赘肉横陈的腹部薄而均匀地涂上白色凡士林，然后用保鲜膜包起来，诀窍是要包得够紧，包好后用透明胶带固定。之后将身体浸泡于浴缸，水温以40~42摄氏度为宜。只需浸泡腰部以下部分，泡约5~15分钟，此时包着保鲜膜的腹部应会大量出汗。泡完半身浴后剥下保鲜膜，用热毛巾擦去凡士林，用香皂洗净。然后一边冲冷水，一边用双掌有节奏地拍击腹部，进行两三个回合就完成了。

进食减肥

在正餐之前吃减肥餐，可以使人在正餐时食欲大减，从而减少食物的摄入量。食醋减肥，每日饮用15~20毫升食醋，一个月内会有惊喜的发现。冬瓜减肥，肥胖者大多水分过多，冬瓜可以利尿，每天用适量冬瓜烧汤喝。

吃得少不如吃得巧

计算卡路里、观察分量、尽量不吃垃圾食品是平坦小腹的金科玉律，可以适当多吃一些"瘦腹"食品，如番茄，它有瘦小腹冠军的称号，富含食物纤维，可以吸附肠道内的多余脂肪，将油脂和毒素排出体外。在饭前吃一个番茄，更可以阻止脂肪被肠道吸收，让你再也没有小肚腩的烦恼。

晚上六点前吃晚餐

专家说睡前4小时吃晚餐不容易发胖。但对于已经有小肚腩的人，不妨将晚餐安排在更早的晚上6点之前，让肠胃在睡前有充分的时间消化、排空，这样腹部才不会囤积脂肪，也才可能拥有平坦的小腹。

多吃蜂蜜促排便

便秘是造成小肚腩的主要原因之一，因此清肠排毒是减肚子的关键。便秘问题解决了，肚子减肥距离成功也不远了。喝蜂蜜水是减肚子最有效的方法之一，蜂蜜含有大量的果糖，有润肠通便的作用。每天摄入50克果糖，并喝下1000毫升的清水，就能促进排便，防止小肚腩的形成。

清晨空腹喝两杯水

造成便秘的重要原因是体内水分不足。当体内水分不足的时候，食物残渣就会留在肠道中，肠道中的水分会不断被吸收，影响肠道蠕动的速度，因此要及时补充水分。早晨起来的时候空腹喝两杯水，可以帮助排便，清洗肠胃中残留的食物。

早餐喝黑咖啡

许多女性都喜欢喝黑咖啡来保持身材。黑咖啡具有利尿的作用，可以立即消肿。同时咖啡中的咖啡因可以刺激副交感神经，起到促进肠胃蠕动的作用，使早晨排便更加顺利。现煮的黑咖啡减肚子的效果是最好的，因为现煮的黑咖啡中咖啡因含量更高一些。

时刻保持腹部紧张状态

平时要注意保持腹部紧张，可以做一些小动作，比如捡书动作、仰卧起坐等。或者时刻记住保持腹部紧张状态，注意收紧腹部，抬头挺胸。每天都保持这样的状态，就能轻松甩掉腹部赘肉。

常做腹部按摩

如果皮肤不是非常敏感或者干燥，最好每个星期都能给身体去一次角质，配合使用一些瘦身产品，使瘦身产品的营养成分更好地被人体吸收，再配合合理的饮食以及适当的运动锻炼，拥有平坦的小腹并非难事。

经常运动小腹肌肉

小腹肌肉需要经常运动，在平时的生活中还是有很多机会的，比如站着、坐着或者外出走动的时候，都注意收紧腹部肌肉，长此以往，就能让腹部的肌肉变得更加紧绷有弹性。

饭后散步 30 分钟

饭后不要马上坐下来，不妨到户外去散散步，多走动走动，大概持续30分钟，不仅有助于肠胃消化，还有助于减肚子，轻松又简单。

俯睡瘦小腹

如果晚上吃太多，仰睡会让多余的脂肪囤积在小腹周围，形成水桶腰与突小腹，因为仰睡对小腹的压力几乎为零。简单地更换睡姿就能促进消化与循环系统的代谢，消耗更多的卡路里。采取俯卧睡姿能够消耗更多腰腹部脂肪、迅速平坦小腹。但是要注意俯卧睡姿会对脊椎造成压力，甚至造成呼吸困难，还是要视自己的身体状况调整睡姿。

最佳洗脸教程
你确定你会洗

说你洗脸的方法错了，你肯定觉得这完全是一派胡言。从小就天天洗脸，这还用教吗？有人针对这个问题对女性进行了街头调查，结果发现80%以上的人洗脸方法都有错误或疏漏。其实，黑头、痘痘等皮肤问题都与洗脸方法不正确、洗不干净有关。即使用昂贵的化妆品，如果操作方法不对，同样起不到清洁美容的效果。

洗脸三不该

日常生活中人们常做些"无效劳动"，以洗脸为例，就有三件不该做的事，既耗时耗物，又无益于皮肤健美。

（1）不该用脸盆

且不说脸盆是否干净，单说其中的洗脸水，在手脸互动之后越来越浑，最后肯定以不洁告终。远不如用手捧流水洗脸：先把手搓洗干净，再用手洗脸，一把比一把干净，用不了几把，就全干净了。

（2）不该用湿毛巾

久湿不干的毛巾有利于各种微生物滋生，用湿毛巾洗脸擦脸无异于向脸上涂抹各种细菌。毛巾应该保持清洁干燥，用手洗脸之后用干毛巾擦干，又快又卫生。

（3）不该用肥皂

面部皮肤有大量的皮脂腺和汗腺，每时每刻都在合成一种天然的"高级美容霜"，在皮肤上形成一层看不见的防护膜。它略呈酸性，有强大的杀菌护肤作用。偏碱性的肥皂不但破坏了它的保护作用，而且会刺激皮脂腺多多"产油"。你越是用肥皂"除油"，皮脂腺产油就越多，最后难以收拾。可见，如果皮肤不是太脏，就不该用肥皂清洗。

正确洗脸六步骤

那么怎样洗脸才正确呢？下面介绍正确洗脸的六个步骤。

第一步：用温水湿润脸部

洗脸用的水温非常重要。有的人图省事，直接用冷水洗脸；有的人认为自己是油性皮肤，要用很热的水才能把脸上的油垢洗净。其实这些观点都是错误的，正确的方法是用温水。这样既能保证毛孔充分张开，又不会使皮肤的天然保湿油分过分丢失。

第二步：使洁面乳充分起沫

无论使用什么样的洁面乳，量都不宜过多，面积有硬币大小即可。涂抹在脸上之前，一定要先把洁面乳放在手心充分打出泡沫，忘记这一步的人最多，而这也是最重要的一步。因为，如果洁面乳不充分起泡，不但达不到清洁效果，还会残留在毛孔内引发青春痘。泡沫当然是越多越好，可以借助一些容易让洁面乳起沫的工具。

第三步：轻轻按摩15下

把泡沫涂在脸上以后要轻轻打圈按摩，不要太用力，以免产生皱纹。大概按摩15下，让泡沫遍及整个面部。

第四步：清洗洁面乳

用洁面乳按摩完后，就可以清洗了。有一些女性怕洗不干净，就用毛巾用力地擦，这样做对娇嫩的皮肤非常不利。应该用湿润的毛巾轻轻在脸上按压，反复几次后就能清除掉洁面乳，又不伤害皮肤。

第五步：检查发际

清洗完毕，你可能认为洗脸的过程已经全部完成了，其实并非如此。还要照照镜子检查一下发际周围是否有残留的洁面乳，这个步骤也经常被人们忽略。有些女性在发际周围总是容易长痘痘，其实就是因为忽略了这一步。

第六步：用冷水撩洗20下

最后，用双手捧起冷水撩洗面部20下左右，同时用蘸了凉水的毛巾轻敷脸部。这样做可以使毛孔收紧，同时促进面部血液循环。这样才算完成了洗脸的全过程。

冷水洗脸真美容吗？ 常常听到这样一种说法："冷水洗脸，美容保健。"那么，冷水洗脸真能美容吗？ 答案是否定的。尤其是对于油性皮肤，如果长期用冷水洗脸，由于"寒性收引"，使毛孔收缩，无法洗净堆积于面部的皮脂、尘埃及化妆品残留物等污垢，不但不能达到美容的效果，反而容易引起痤疮之类的皮肤病，影响美容。

正确的洁肤应做到既清洁又不损害皮肤，这是护肤美容的基础。而适当的水温是皮肤清洁的重要条件，水过冷或过热对皮肤的保养都非常不利。

洗脸小妙招

（1）白醋洗脸法

先准备一小盆水，不要太热，最好是温水，然后倒入约二汤匙白醋调均。脸部和双手先洗干净，然后浸入加入白醋的温水中清洗，5分钟后再用清水洗净。

长期这样做，可让皮肤美白光洁、细腻。这种方法适合皮肤粗糙的人。

（2）白糖洗脸法

每次用洗面奶洗完脸后，准备一点白砂糖在手心上面，可以加入一点水来融化糖，之后用糖水轻轻地揉搓脸部1分钟左右，再用清水洗干净即可。如果觉得白砂糖颗粒相对大一些，对皮肤有刺激的感觉，还可以用超市买来的细砂糖来代替，效果一样很好。

这种方法能使皮肤光滑白嫩，而且对去角质和暗疮印非常有效。

（3）盐水洗脸法

把一匙细盐放在手心加水两三滴，用指尖仔细将盐和水搅拌。洗脸后，用指尖沾着盐水，从额部和颊部自上而下涂抹，边涂边做环形按摩，每处按摩3~5次。待脸上的盐水干透呈白粉状时，以温热的水洗去盐粉，再以自来水将盐分冲洗干净，最后涂上营养液或营养乳等。每天早晚洗脸后各进行一次。

用食盐洗脸可以清除毛孔里藏的东西，控制T区油脂分泌，去黑头，让毛孔变细。这种洗脸方法没什么坏处，只要别太用力搓，也别天天用，大概一周3次即可，平时只用洗面奶就好了。

女孩到底从几岁开始
用眼霜比较合适

眼睛是心灵的窗户。而眼部肌肤又是最脆弱的，人每天大约眨眼一万次以上，我们平时画的彩妆重点也在眼部，所以眼部是最容易出现问题的，特别是现在的人最擅长的就是熬夜，那么我们从多大开始用眼霜呢？

根据调查，现在18~24岁的女孩子大多都有以下问题。
（1）离不开手机和电脑，用眼过度。经常会揉眼睛。
（2）经常熬夜追剧或是做其他的事情。
（3）皮肤总是偏干或是偏油。
（4）季节变化时气候越来越干燥，眼部假性细纹也逐渐增多。
女性在18岁以后就可以用眼霜，不过在用眼霜是要注意以下事项。
（1）不要直接用眼霜，经常眼部疲劳，眼部不易吸收，直接用眼霜容易增加眼部的负担。
（2）年龄不到25岁的要用清爽的啫喱状眼霜，皮肤吸收的了，不易长脂肪粒。
（3）当你发觉眼部已经有皱纹时，不要感觉天都要塌下来了。从现在起使用眼霜，虽然不一定能够完全去除皱纹，但长期坚持会有改善。

（4）眼霜早晚都要涂。

（5）可以尝试将眼霜放在冰箱里，对眼部浮肿特别有效果。

（6）用无名指涂抹眼霜，一定要结合按摩手法。

提前用眼霜是可以预防眼部皮肤问题的，但切忌用面霜代替眼霜，也不要用刺激性的眼部护理手法，因为可能会破坏眼部的弹力纤维。精心护理你的眼睛，让自己越来越有魅力！

牢记
一天中最有效的护肤时间

选择对的护肤品,只做对了一半,何时使用这些护肤品也是保养的关键因素。皮肤的自然更新周期是24小时,荷尔蒙水平变化和环境污染也会带来一定影响。

巴塞罗那生物医学研究所进行的研究发现,皮肤在昼夜节奏(每天一次)周期中,如果皮肤干细胞匮乏,细胞就有可能过早衰老,也就是说周期性的更新模式可修复细胞所受的损伤。了解皮肤的自然周期,对于发挥护肤品的保养效果十分重要。

总体而言,白天使用活性成分多且具有保护性的护肤品,夜晚则使用修复型的护肤品。

上午6点:早上起床时,皮肤处于非常敏感的状态。此时身体的自然荷尔蒙(皮质醇)活动容易产生一种组胺反应,使皮肤易受损害,易发炎甚至易过敏。因此,建议使用具有镇静舒缓功能的护肤品。

上午8点:早上出门前,使用精华素、保湿霜或精华油为皮肤保湿。然而,皮肤在早上会分泌皮脂,自然滋润皮肤。除非皮肤特别干燥,没必要使用额外的保湿霜。抗氧化剂、保持油水平衡的产品或者防晒霜更为重要。这些产品能帮你抵挡紫外线、环境污染、压力和高能量可见光带来的伤害。

中午12点：皮肤在午间也会生产皮脂以抵抗紫外线。上午的时间人们通常在户外活动，因此皮肤需要自我调节，进行自我保护。此时，如果你没有涂妆前乳，妆容会因为皮脂而融掉，因此需要补妆。如果你没有化妆，为了避免油光满面，就需要用吸油纸去油。

晚上9点至11点：此时皮肤的和早上刚起床一样非常敏感，因此应再次使用镇静舒缓的护肤品。

半夜12点：夜间我们的皮肤进入更新和修复阶段，因此睡前护肤将事半功倍。夜间，皮肤持续产生胶原蛋白，清除有害自由基，细胞得到修复。所以，建议选择能促进胶原蛋白产生的护肤品。

7招击退双下巴
还你精致瓜子脸

抬头式

平躺在床上,脖子靠近床的边缘,让头轻轻腾空在床侧,利用脖子正面的肌肉,慢慢抬起头然后朝胸口的方向伸展,注意肩膀要平放在床上。维持这个姿势10秒钟,注意不要让头用力向后掉,慢慢放松脖子的肌肉,然后回到开始的姿势。这个动作要做3套,各2次。每套之间可以坐起来休息一下,以免头晕。

压舌式

正坐于椅子上,背部挺直,肩膀放松,头向后微仰,眼睛直视天花板,嘴巴紧闭,舌头向下平压,舌头维持这个姿势,然后下巴尽量向胸口前倾,注意背部不要弯曲。此时你应该可以感觉到下巴和脖子正面的肌肉拉紧。接着放松舌头、恢复原位。重复做20次。

噘嘴式

站着或坐着都可以,下唇尽量向前伸,然后噘起嘴,用手指轻摸下巴,皮肤会出现一点摺皱,维持这个姿势1秒钟。接着脖子正面的肌肉用力、下巴尽量向下贴近胸口,但是注意背不要弯。维持1秒钟之后放松,回到原位。这个动作要做2套,各20次。

亲嘴式

腰杆伸直站立,双臂自然垂放身体两边,头向后微仰,眼睛直视天花板。朝向天花板嘟起嘴唇，嘴巴越翘越好，尽量向前伸展。这时你应该可以感觉到脖子和下巴肌肉拉紧。维持5秒钟后放松、回到原位。这个动作要做2套，各15次。

下颚式

站着或坐着都可以，背部挺直，想像你正在嚼食，上下移动下颚，双唇紧闭用鼻子吸气，然后慢慢边哼声边从嘴巴吐气。吐完气后，嘴巴尽量张到最开，同时舌尖轻轻顶在下排牙齿的内侧。维持这个姿势，鼻子吸气，嘴巴慢慢吐气同时发出"啊"的声音。整套动作需时约30秒。完成后，再重复整个动作1次。

手扶式

一手虎口放在下颚，大拇指和食指各放在脖子的左右侧。手维持此位置不动，脖子与头尽力向前倾。再将手放开，脖子慢慢恢复原位。重复这个动作3次。

鬼脸式

站着或坐着都可以，全身肌肉放松，尽量把嘴巴张到最开，舌头尽量向前伸出，此时应该可以感觉到下巴和脖子的肌肉变紧。舌头向外伸，然后默数到10，接着放松肌肉，回到原位。重复这个动作10次。这个鬼脸动作其实是个很好的运动，可以锻炼下巴的肌肉。

以上几个方法能有效消除双下巴，按照以上方法来做，就能甩掉脸部赘肉重塑小脸。